农村生活污水治理技术手册

生态环境部土壤生态环境司
中国环境科学研究院
编著

中国环境出版集团·北京

图书在版编目（CIP）数据

农村生活污水治理技术手册/生态环境部土壤生态环境司，中国环境科学研究院编著. —北京：中国环境出版集团，2020.6（2022.2 重印）

ISBN 978-7-5111-4328-0

Ⅰ. ①农… Ⅱ. ①生…②中… Ⅲ. ①农村—生活污水—污水处理—技术手册 Ⅳ. ①X703-62

中国版本图书馆 CIP 数据核字（2020）第 056952 号

出 版 人 武德凯
责任编辑 张 倩 黄晓燕
文字编辑 王宇洲
责任校对 任 丽
封面设计 宋 瑞

更多信息，请关注
中国环境出版集团
第一分社

出版发行 中国环境出版集团
（100062 北京市东城区广渠门内大街 16 号）
网 址：http：//www.cesp.com.cn
电子邮箱：bjgl@cesp.com.cn
联系电话：010-67112765（编辑管理部）
010-67112735（第一分社）
发行热线：010-67125803，010-67113405（传真）

印 刷 北京建宏印刷有限公司
经 销 各地新华书店
版 次 2020 年 6 月第 1 版
印 次 2022 年 2 月第 3 次印刷
开 本 787×960 1/16
印 张 14.25
字 数 230 千字
定 价 55.00 元

《农村生活污水治理技术手册》

编　委　会

编　写　组

组　长　夏训峰

副组长　金　晟　陈　颖

成　员（按姓氏笔画排序）

王　平　王丽君　王俊安　王洪臣　王　斌

方广玲　孔　源　厉　兴　叶红玉　毕　波

师荣光　吕锡武　朱建超　齐　嵘　许春莲

李　军　李　松　李　洁　李艳萍　吴亦红

吴娜伟　陈　婧　陈　盛　罗安程　周雪飞

郑展望　柏永生　贾小梅　高生旺　崔艳智

温　冰　熊燕娜　蔡文倩　操家顺

前　言

党中央、国务院高度重视农村环境保护工作。习近平总书记强调，要持续开展农村人居环境整治行动，打造美丽乡村，为老百姓留住鸟语花香、田园风光。党的十九大明确要求全面加强生态环境保护，打好污染防治攻坚战，开展农村人居环境整治行动，加快补齐农村生活污水治理等突出短板。为指导各地立足“三农”实际，因地制宜开展农村生活污水治理，有效改善农村人居环境质量，助力小康社会建设和乡村振兴目标的实现，按照《水污染防治行动计划》《农村人居环境整治三年行动方案》《农业农村污染治理攻坚战行动计划》部署安排，生态环境部组织中国环境科学研究院等科研院所，开展大量实地调查研究，系统总结近年来全国农村生活污水治理科研与实践成果，编制完成《农村生活污水治理技术手册》（以下简称《手册》）。

《手册》立足我国农业、农村、农民的实际，考虑不同区域差异，注重污水治理与生态建设、生产实际相结合，分类总结治理模式和技术工艺，加强生活污水源头减量和尾水回收利用，避免简单套用城市污水治理技术模式。指导各地根据村庄地理气候条件、人口集聚程度、污水产生规模、生态环境敏感程度等，选取污染治理与资源利用相结合、工程措施与生态措施相结合、集中与分散相结合的建设模式和处理工艺，积极采用低成本、低能耗、易维护、高效率的污水处理技术。

《手册》编制过程中，充分利用国家水体污染控制与治理科技重大专项课题、借鉴国际经验和国内实地调研成果，针对农村生活污水特征和亟待解决的问题，总结提炼出农村生活污水治理三大模式、十种技术（装备），以及五类典型区域案例。同时，考虑到污水治理工程应用需要，提供了不同技术设备的经济参数和管理维护要点，为各地深入推动农村生活污水治理提供借鉴和参考。《手册》力求达到语言通俗易懂、理论联系实际，主要适用于农村环境管理人员，以及农村生活污水治理技术人员。

《手册》共分为6章，系统介绍我国农村生活污水的特征、治理原则、标准要求、技术工艺、治理模式、设施运维和典型地区案例。具体编写人员分工为：第1章由高生旺编写，第2章由朱建超、夏训峰编写，第3章由王丽君、夏训峰编写，第4章由王丽君、夏训峰编写，第5章由夏训峰、熊燕娜、郑展望编写，第6章由夏训峰、贾小梅、朱建超编写。编写过程中得到来自农业农村部、住房和城乡建设部直属单位及相关科研院所的支持和帮助。在此，向所有参与《手册》编写和专题研究的人员表示深深的谢意！

我国农村生活污水治理尚在探索中，各地适用的治理模式和技术工艺有待进一步优化。《手册》中收录的技术经济参数和典型案例主要适用于当时的特定条件，还需要在实践中加以完善，仅供读者参考。同时，由于时间和水平所限，疏漏之处在所难免，敬请批评指正！

编写组

2020年4月

目　录

第 1 章　农村生活污水治理基本情况

农村生活污水相对于城市污水，在产排特征方面有明显区别，其具有污染物浓度波动大、产生量小、排放分散、时段性和季节性更强等特点。近年来，国家大力推进农村生活污水治理，在管理机制、标准体系、设施建设、资金投入、科技支撑等方面取得初步进展。但是总体来看，由于我国各地自然条件差异较大，城乡区域发展和收入分配差距依然较大，农村生活污水治理总体水平依然不高。同时，由于缺乏对农村生活污水产排特征的深刻认识，简单套用城市模式治理农村生活污水的问题较为突出。

1.1　农村生活污水来源

农村生活污水包括厕所粪污、厨房污水、洗涤污水和洗浴污水。由于农村水冲厕所的普及，粪便污水逐渐成为生活污水的主要来源，厕所粪污除含有较高浓度的有机物、氮磷等外，还可能含有致病微生物和残余药物。厨房污水多由洗碗水、涮锅水、淘米和洗菜水组成。淘米和洗菜水中含有米糠、菜屑等有机物，由于生活水平的提高，农村肉类食品及食用油的增加，这部分生活污水的油脂及有机物含量较高。洗涤污水主要指洗衣物、拖地等产生的污水。目前，全国大多数农村居民洗衣物时主要使用肥皂和洗衣粉。少数洗衣粉中含有氮、磷等元素，会导致水体富营养化。洗浴污水指早中晚洗漱、洗澡用水。其污染物成分主要是人体污垢、合成洗涤剂，以及大肠杆菌等污染物，浊度也稍高。

1.2 农村生活污水特征

1.2.1 水质特征

与城市生活污水相比，农村生活污水污染物浓度低、种类简单，很少含有重金属和有毒有害物质，但含有较多的合成洗涤剂及细菌病毒、寄生虫卵等，有机物和氮、磷浓度较高，水质波动较大。农村生活污水可生化性好，但碳源相较氮、磷营养物明显不足，BOD/COD 通常可达 0.3～0.55，碳氮比（C/N）一般小于 5，一定程度上影响了污水处理设施的总氮去除率。

污水水质因来源和时段不同而差异较大。实际调查与监测结果表明，对 COD 贡献最大的是厕所污水，其次是洗衣第一遍污水和厨房洗刷水；对总磷（TP）贡献最大的是厨房的淘米水，其次是含磷洗衣洗涤水；而洗澡水相对较干净，各项指标值都较低。受经济发展程度、生活习惯及季节的影响，不同时段的生活污水水质不同，如做饭高峰期动植物脂肪、悬浮物（SS）浓度偏高，洗漱高峰期氮磷、合成洗涤剂浓度偏高等。

综合排放后的具体水质情况宜根据实地调查结果确定。在没有调查数据的地区，可参考 2010 年住房和城乡建设部发布的《分地区农村生活污水处理技术指南》的取值范围，见表 1-1。

表 1-1　我国农村生活污水水质范围

区域	pH	SS/（mg/L）	COD/（mg/L）	BOD_5/（mg/L）	NH_3-N/（mg/L）	TP/（mg/L）
东北	6.5～8.0	150～200	200～450	200～300	20～90	2.0～6.5
华北	6.5～8.0	100～200	200～450	200～300	20～90	2.0～6.5
西北	6.5～8.5	100～300	100～400	50～300	30～50	1.0～6.0
西南	6.5～8.0	150～200	150～400	100～150	20～50	2.0～6.0
中南	6.5～8.5	100～200	100～300	60～150	20～80	2.0～7.0
东南	6.5～8.5	100～200	150～450	70～300	20～50	1.5～6.0

1.2.2　水量特征

受农村居民用水习惯的影响，农村生活污水排水量随时间和季节变化，呈间歇式排放、瞬时变化较大的特点。一天之中有 2～3 个高峰期，分别出现在早中晚，而午夜到凌晨这段时间污水产生量很少甚至断流。日变化系数（日最大产生量/日平均产生量）一般在 3.0～5.0，甚至可能达到 10.0 以上。季节对污水产生量的影响基本呈现夏季＞春季≈秋季＞冬季的趋势。夏季由于居民洗漱次数及用水量增加，排水量高于其他季节，而冬季会在春节前后呈现一个短暂排水高峰期。

1.2.2.1　用水量

用水量宜在调查当地居民的用水现状、生活习惯、经济条件、发展潜力等情况的基础上确定，表 1-2 数据仅供参考。

表 1-2　不同地区农村居民日用水量

农村居民类型	日用水量/［L/（人·d）］					
	东北	华北	西北	西南	中南	东南
经济条件好，有水冲厕所、淋浴设施	80～135	100～145	75～140	80～160	100～180	90～130
经济条件较好，有水冲厕所、淋浴设施	40～90	40～80	50～90	60～120	60～120	80～100
经济条件一般，无水冲厕所、简易卫生设施	40～70	30～50	30～60	40～60	50～80	60～90
无水冲厕所和淋浴设施，主要利用地表水	20～40	20～40	20～35	20～50	40～60	40～70

由表 1-2 可知，西南、中南、东南地区整体用水量大于东北、华北、西北地区。从经济角度分析，经济条件好、有水冲厕所、淋浴设施的区域，用水量较高，如中南地区每人日平均用水量为 100～180 L，西南地区在符合以上条件的区域每人日平均用水量达 80～160 L。对于经济条件一般，无水冲厕所、简易卫生设施的区域，用水量相对较低，如华北地区在符合以上条件的区域每人日平均用水量为 30～50 L，西北为 30～60 L。对于无水冲厕所和淋浴设施，主要利用地表水的

地区，日平均用水量最低，最低每人日平均用水量为 20 L。

1.2.2.2 排水量

农村生活污水排放量与地理位置、供水设施的完善程度、改厕模式、经济发达程度、季节以及农村居民的用水习惯等因素相关，需要根据不同区域实地调查结果确定。从基础调查入手，采用典型农户抽样监测的方法，确定村庄人均排污系数。具体抽样监测方法如下：

（1）抽样比例

农村生活污水排放量与农村居民的生活习惯、居住时段、季节等因素密切相关。抽样比例不低于污水收集区域农户总户数的 10%，且抽样人口数不低于区域总人口的 10%。

（2）排水收集频次

调查该区域居住人口随季节、节假日等时期人口数量变化规律。收集该区域农户数、用水特点、用水量等信息。按代表性时期确定分类抽样次数。排水取样的收集时间从早上 6 时开始至晚上 12 时结束（具体按当地作息时间调整），每次连续采样收集 3 天。

（3）排水采集方法

在样本农户排污口处放置收集水桶，分别收集厨房废水、洗浴污水、洗涤废水、三格化粪池出水等，收集完成后，将样本农户的各类污水混合，测量水量，并做好记录，然后将所有样本农户的水样混合均匀后的采集样品，送有检测资质的单位进行水质检测。每天早上取样一次，连续取样 3 天。统计样本农户人口数，以排水量和污染物浓度核算排污量，确定人均排污系数。按照确定的代表性排污时期，测定出各代表性时期的排污系数，形成排污系数区间，作为工程设计的依据。

1.3　农村生活污水治理现状及问题

1.3.1　治理现状

近年来，党中央、国务院高度重视农业农村生态环境保护工作，以农村生活污水治理等为重点的农村环境整治工作日益加强。《中共中央　国务院关于加快推进生态文明建设的意见》《中共中央　国务院关于全面加强生态环境保护　坚决打好污染防治攻坚战的意见》等文件都做出了重要安排和部署。2018 年 5 月召开的全国生态环境保护大会，对打好农业农村污染治理等七大攻坚战做出了进一步部署，要求大力推进农村生活垃圾、污水治理，开展厕所革命，加快农业面源污染治理，确保农村人居环境明显改善。国家印发《农村人居环境整治三年行动方案》《农业农村污染治理攻坚战行动计划》等，都对农村生活污水治理工作提出要求。2008 年以来，生态环境部不断深化“以奖促治”政策，推动农村环境综合整治。在中央财政的大力支持下，累计安排专项资金 537 亿元，支持各地开展农村生活污水和垃圾处理、畜禽养殖污染治理、饮用水水源地保护等，共完成 17.9 万个村庄整治，建成农村生活污水处理设施近 30 万套，2 亿多农村人口受益；其中“十三五”以来安排资金 222 亿元，支持各地实现 10.1 万多个村庄环境整治，完成《水污染防治行动计划》确定的“十三五”新增 13 万个建制村环境综合整治的目标任务的 77%。整治后村庄的“脏、乱、差”问题得到初步解决，农村居民的获得感、安全感和幸福感增强。

“十三五”期间，按照《水污染防治行动计划》《农村人居环境整治三年行动方案》部署要求，新增 13 万个建制村环境综合整治的目标任务，明确农村环境综合整治的重点区域和村庄，指导各地以南水北调东线、中线水源地及其输水沿线，京津冀，长江经济带，环渤海为重点区域，以农村生活污水垃圾治理、农村饮用水水源地保护等为重点内容，加大农村环境整治力度。

配套政策陆续出台。针对农村生活污水治理，中央农办、农业农村部、生态环境部、住房和城乡建设部、水利部、科技部、国家发展改革委、财政部、银保监会联合印发了《关于推进农村生活污水治理的指导意见》，以污水减量化、分类就地处理、循环利用为导向，指导各地走符合农村实际的治理路子。各地也出台了一系列政策和技术文件。截至2018年，全国各省份都已基本建立了农村环保工作推进机制，成立了领导小组，出台了相关制度性文件和方案，明确了目标任务和措施，在积极拓宽资金渠道、强化用地保障、优化环评手续等方面做出了努力。

标准建设取得积极进展。针对农村生活污水治理缺少排放标准，导致地方在选定设施类型和处理工艺时缺乏依据的情况，生态环境部、住房和城乡建设部联合印发了《关于加快制定地方农村生活污水处理排放标准的通知》，生态环境部印发了《农村生活污水处理设施水污染物排放控制规范编制工作指南（试行）》，指导各地根据农村区位条件、人口分布、污水规模、排放去向等，分区分类确定控制指标和排放限值。30个省份已颁布地方农村生活污水排放标准。

规划体系逐步完善。为加强对县域农村生活污水治理规划编制的指导，提高治理工作的系统性、科学性和针对性，生态环境部组织编制《县域农村生活污水治理专项规划编制指南（试行）》，推动以县域为单元，统一规划、统一建设、统一运行、统一管理。部分省市根据自身需要，积极开展先行先试。如浙江省、安徽省发布了《县域农村生活污水治理专项规划编制导则（试行）》，江苏省发布了《村庄生活污水治理专项规划编制大纲》，武汉市发布了《农村村庄生活污水治理专项规划编制指南》，宿迁市编制完成了市、县两级《村庄生活污水治理专项规划》。

资金保障力度不断加大。近年来，中央财政对包含农村生活污水在内的农村环境综合整治工作的资金支持力度逐年加大，资金额度从2008年的每年5亿元增加到“十三五”期间的每年约40亿元。在中央财政资金引导下，地方财政也不断加大支持力度，按照“渠道不乱、用途不变、统筹安排、形成合力”的原则，整合相关涉农资金，集中投向农村环境综合整治区域。如湖南省从2014年的0.47亿多元增加到2018年的12.2亿多元。

技术体系不断发展。在中央的政策指引和资金带动之下，各地也纷纷采取行动，积极筹划、有序实施农村生活污水治理工作，形成了一批行之有效的治理方式和技术路线。治理模式主要有集中处理—达标排放、集中处理—资源化利用、分散处理—达标排放、分散处理—就地利用 4 大类。污水处理工艺主要有生物处理、生态处理和生物—生态组合处理 3 种。

1.3.2　存在的问题

缺乏科学研判和统筹规划。由于前期规划不到位，农村生活污水处理设施建设与改厕、饮用水、扶贫安置、雨水收集等工程未能有效衔接。很多村庄土旱厕改为水冲厕后，没有做好化粪池出水口与污水管网对接，导致污水处理设施进水不足，又产生新的污染。在治理观念方面，将“治理全覆盖”片面理解为“集中处理—达标排放设施建设全覆盖”，将“全面治理”简单理解为“所有村庄建设治理工程”。在确定治理对象和范围时，缺乏基本甄别和科学判断，“眉毛胡子一把抓”，将一些不存在污水横流和黑臭坑塘，已采取如黑灰分离、资源化利用等方式实现生活污水治理的村庄也纳入治理范围。

缺乏因地制宜的技术标准。我国农村生活污水处理技术标准制定工作起步较晚，长期使用城市污水处理设施建设标准。2008 年以来，国家和地方陆续出台农村生活污水处理技术规程、设备标准、污染防治技术指南等，但在指导产品设计、收集系统建设、验收和运行管理等方面还存在较大缺失。一些工程建设过程中普遍存在低价中标及施工过程质量监督薄弱等问题，导致收集管道、处理设施建设不规范，施工质量差、建材质量得不到保证、污水漏失量大、使用寿命短。

治理资金缺口大。农村生活污水治理经费主要依靠地方政府，导致政府财政压力大。并且生活污水治理投入大、投资回报低，社会资本不愿介入，使得资金渠道少，建设及运维资金缺口较大。按照国家扶贫攻坚、全面小康、美丽中国的战略部署和相关时序进度要求，到 2035 年，仍需完成约 38 万个行政村的治理。按照生态环境部《农村生活污水处理项目建设与投资指南》测算，行政村污水收集处理设施建设投资取平均数 135 万元/村，还需投资约 5 200 亿元，平均每年约需350亿元，还有很大缺口。

治理模式与村民需求不适应。设施设计处理能力与实际人口不适应。不少设施规模设计偏大，同时未能考虑农村生活污水排放系数变化大的特点，影响设施正常运行。治理模式也存在与村民生产生活需要和习惯不适应的现象。有的地方虽然已建成管网和设施，但由于村民习惯于将生活污水用于庭院洒扫和浇灌菜地，或将厕所粪污用于农田施肥，收集到的水量远远不足，甚至收集不到污水。治理模式与当地气候条件不适应，如东北寒冷地区，低温期较长，常规建设的设施及管网容易被冻住而失效。西北干旱、半干旱等缺水地区，由于村民生活污水产生量少而蒸发量大，能收集进入设施的水量常常较少。

资源化利用水平低。部分地区脱离农村实际，盲目追求污水达标排放，没有考虑资源化利用，不仅建设和运行费用高，造成了资源的浪费，而且不便于后期管理。资源化利用水平低的主要原因除地方政府盲目追求农村生活污水处理高标准外，资源化利用配套设施、激励机制不健全，农民资源化利用积极性不高也是重要原因。

运维和监管机制亟待建立。农村生活污水治理长期存在地方政府责任落实不到位、设施运维经费不配套、日常管理不规范、监管机制缺失等问题。部分地区为节省运维费用，委托当地村民运行维护，技术水平低，无法实现专业化维护管理，导致一些设施停转、管网堵塞等情况不能得到有效解决，无法正常运行。

缺乏相关政策支持。目前大部分地区土地利用规划未对农村生活污水集中处理设施建设用地做出安排，或者用地申报渠道不畅、手续繁琐，很多地方设施建设“落地难”“黑户多”。还有一些地区没有把农用电价等优惠政策落实到农村生活污水处理设施用电，电费负担也成为影响设施正常运行的一只“拦路虎”。

第2章　农村生活污水治理政策标准要求

目前，国家和地方已发布了多项农村生活污水治理技术规范、污染物排放标准和技术指南等多项指导文件，分别对农村地区污染物排放、污染治理技术、治理模式、运行维护等方面作出了相应的规定，初步形成了农村生活污水治理技术规范体系。

《农村人居环境整治三年行动方案》《农业农村污染治理攻坚战行动计划》《全国农村环境综合整治“十三五”规划》等文件对农村生活污水治理的目标、重点区域和治理模式提出基本要求。《关于推进农村生活污水治理的指导意见》（中农发〔2019〕14号）进一步落实上述工作，提出农村生活污水治理的总体要求、基本原则和重点任务。《农村生活污水处理设施水污染物排放控制规范编制工作指南（试行）》确定了农村生活污水治理排放标准控制指标，明确了污染物排放限值、尾水利用及采样监测等细化要求，指导各地加快推进农村生活污水排放标准制修订工作。《县域农村生活污水治理专项规划编制指南（试行）》指导各地以县域为单元编制农村生活污水治理专项规划，推动农村生活污水治理统一规划、统一建设、统一运行、统一管理。《农村生活污水处理工程技术标准》（GB/T 51347—2019）规范了农村生活污水治理设施的设计、建设和运行维护管理，提高农村生活污水治理的标准化水平。本章将依据上述文件，总结国家对农村生活污水治理的总体要求和基本原则，阐述排放标准、规划编制和治理模式的基本要求。

2.1 总体要求和基本原则

2.1.1 总体要求

以习近平新时代中国特色社会主义思想为指导，按照“因地制宜、尊重习惯，应治尽治、利用为先，就地就近、生态循环，梯次推进、建管并重，发动农户、效果长远”的基本思路，牢固树立和贯彻落实新发展理念，从亿万农民群众的愿望和需求出发，按照实施乡村振兴战略的总要求，立足我国农村实际，以污水减量化、分类就地治理、循环利用为导向，加强统筹规划，突出重点区域，选择适宜模式，完善标准体系，强化管护机制，善作善成、久久为功，走出一条具有中国特色的农村生活污水治理之路。到2020年，东部地区、中西部城市近郊区等有基础、有条件的地区，农村生活污水治理率明显提高，村庄内污水横流、乱排乱放情况基本消除，运维管护机制基本建立；中西部有较好基础、基本具备条件的地区，农村生活污水乱排乱放得到有效管控，治理初见成效；地处偏远、经济欠发达等地区，农村生活污水乱排乱放现象明显减少。

2.1.2 基本原则

因地制宜、注重实效。根据地理气候、经济社会发展水平和农民生产生活习惯，科学确定本地区农村生活污水治理模式。条件允许或对污水排放有严格要求的地区，可以采用建设污水治理设施的方法确保达标排放，其他地方要充分借助地理自然条件、环境消纳能力等客观条件重点推进农村改厕。条件较好的地区可以加快推进，脱贫攻坚任务重的市县能做则做、需缓则缓，不搞“一刀切”“齐步走”。

先易后难、梯次推进。坚持短期目标与长远打算相结合，综合考虑现阶段经济发展条件、财政投入能力、农民接受程度等，合理确定农村生活污水治理目标任务。既尽力而为，又量力而行。先易后难、先点后面，通过试点示范不断探索、积累经验，带动整体提升。

政府主导、社会参与。农村生活污水治理设施建设由政府主导，采取地方财政补助、村集体负担、村民适当缴费或出工出力等方式建立长效管护机制。通过政府和社会资本合作等方式，吸引社会资本参与农村生活污水治理。

生态为本、绿色发展。牢固树立绿色发展理念，结合农田灌溉回用、生态保护修复、环境景观建设等，推进水资源循环利用，实现农村生活污水治理与生态农业发展、农村生态文明建设有机衔接。

2.1.3　重点任务

（1）全面摸清现状。对农村生活污水的产生总量和比例构成、村庄污水无序排放、水体污染等现状进行调查，梳理现有治理设施数量、布局、运行等治理情况，分析村庄周边环境特别是水环境生态容量，以县域为单位建立现状基础台账。

（2）科学编制行动方案。以县域为单元编制农村生活污水治理规划或方案，也可纳入县域农村人居环境整治规划或方案统筹考虑，充分考虑已有工作基础，合理确定目标任务、治理方式、区域布局、建设时序、资金保障等。顺应村庄演变趋势，把集聚提升类、特色保护类、城郊融合类村庄作为治理重点。优先治理南水北调东线、中线水源地及其输水沿线，京津冀，长江经济带，珠三角地区，环渤海区域及水质需改善的控制单元范围内的村庄。注重农村生活污水治理与生活垃圾治理、厕所革命等任务的统筹规划、有效衔接。

（3）合理选择技术模式。因地制宜采用污染治理与资源利用相结合、工程措施与生态措施相结合、集中与分散相结合的建设模式和治理工艺。有条件的地区推进城镇污水治理设施和服务向城镇近郊的农村延伸，离城镇生活污水管网较远、人口密集且不具备利用条件的村庄，可建设集中治理设施实现达标排放。人口较少的村庄，以卫生厕所改造为重点推进农村生活污水治理，在杜绝化粪池出水直排的基础上，就地就近实现农田利用。重点生态功能区、饮用水水源保护区严禁农村生活污水未经治理直接排放。积极推广低成本、低能耗、易维护、高效率的污水治理技术，鼓励具备条件的地区采用以渔净水、人工湿地、稳定塘等生态治理模式。开展典型示范，培育一批农村生活污水治理示范县、示范村，总结推广一批适合不同村庄规模、不同经济条件、不同地理位置的典型模式。

（4）促进生产生活用水循环利用。探索将高标准农田建设、农田水利建设与农村生活污水治理相结合，统一规划、一体设计，在确保农业用水安全的前提下，实现农业农村水资源的良性循环。鼓励通过栽植水生植物和建设植物隔离带，对农田沟渠、塘堰等灌排系统进行生态化改造。鼓励农户利用房前屋后小菜园、小果园、小花园等，实现生活污水就地回用。畅通厕所粪污经无害化治理后就地就近还田渠道，鼓励各地探索堆肥等方式，推动厕所粪污资源化利用。

（5）加快标准制修订。认真梳理标准制修订情况，构建完善农村生活污水治理标准体系。根据农村不同区位条件、排放去向、利用方式和人居环境改善需求，按照分区分级、宽严相济、回用优先、注重实效、便于监管的原则，加快研究制定农村生活污水治理设施标准，规范污水治理设施设计、施工、运行管护等。编制适合本地区的农村生活污水治理技术导则或规范，强化技术指导。

（6）完善建设和管护机制。坚持以用为本、建管并重，在规划设计阶段统筹考虑工程建设和运行维护，做到同步设计、同步建设、同步落实。做好工程设计，严把材料质量关，采用地方政府主管、第三方监理、群众代表监督等方式，加强施工监管、档案管理和竣工验收。简化农村生活污水治理设施建设项目审批和招标程序，保障项目建设进度。落实农村生活污水治理用电用地支持政策。明确农村生活污水治理设施产权归属和运行管护责任单位，推动建立有制度、有标准、有队伍、有经费、有督查的运行管护机制。鼓励专业化、市场化建设和运行管理，有条件的地区推行城乡污水治理统一规划、统一建设、统一运行、统一管理。鼓励有条件的地区探索建立污水治理受益农户付费制度，提高农户自觉参与的积极性。

（7）统筹推进农村厕所革命。统筹考虑农村生活污水治理和厕所革命，具备条件的地区一体化推进、同步设计、同步建设、同步运营。东部地区、中西部城市近郊区以及其他环境容量较小地区的村庄，加快推进户用卫生厕所建设和改造，同步实施厕所粪污治理。其他地区按照群众接受、经济适用、维护方便、不污染公共水体的要求，普及不同水平的卫生厕所。引导农村新建住房配套建设无害化卫生厕所，人口规模较大村庄配套建设公共厕所。

（8）推进农村黑臭水体治理。按照分级管理、分类治理、分期推进的思路，采取控源截污、垃圾清理、清淤疏浚、水体净化等综合措施恢复水生态。建立健全符合农村实际的生活垃圾收集处置体系，避免因垃圾随意倾倒、长年堆积、治理不当等造成水体污染。推进畜禽养殖废物资源化利用，大力推动清洁养殖，加快推进肥料化利用，推广“截污建池、收运还田”等低成本、易操作、见效快的粪污治理和资源化利用方式，实现畜禽养殖废物源头减量、终端有效利用。实施农村清洁河道行动，建设生态清洁型小流域，鼓励河湖长制向农村延伸。

2.2　农村生活污水治理排放标准要求

生态环境部印发了《农村生活污水治理设施水污染物排放控制规范编制工作指南（试行）》（以下简称《指南》），各地已按《指南》制定了排放标准，本节简要说明了《指南》对污染物排放控制总体要求，主要包括标准分级、控制指标确定及污染物排放控制要求。各个项目工程要执行地方排放标准的相关规定。

2.2.1　标准分级

可依据出水排放去向和治理设施规模进行分类分级。出水排放去向可分为直接排入水体、间接排入水体和尾水利用三类。各地可根据实际情况对治理设施规模进行分级，至少应分为两级。

2.2.2 控制指标确定

控制指标至少应包括 pH、悬浮物（SS）和化学需氧量（COD_{Cr}）三项基本指标。其中，出水直接排入《地表水环境质量标准》（GB 3838—2002）中规定的地表水Ⅱ类、Ⅲ类功能水域、《海水水质标准》（GB 3097—1997）中规定的二类海域及村庄附近池塘等环境功能未明确的水体，除上述基本指标外，应增加氨氮（NH_3-N，以 N 计）；出水直接排入 GB 3838—2002 地表水Ⅳ类、Ⅴ类功能水域的及 GB 3097—1997 中三、四类海域的，污染物控制指标至少应包括 pH、悬浮物（SS）、化学需氧量（COD_{Cr}）等。出水排入封闭水体，除上述指标外，应增加总氮（TN，以 N 计）和总磷（TP，以 P 计）；出水排入超标因子为氮、磷的不达标水体，除上述指标外，应增加超标因子相应的控制指标。提供餐饮服务的农村旅游项目生活污水的治理设施，除上述基本指标外，应增加动植物油。各地可根据实际情况增加地方控制指标。

2.2.3 污染物排放控制要求

控制指标值可参考《城镇污水处理厂污染物排放标准》（GB 18918—2002）中相应指标的标准浓度限值，并综合考虑农村区位条件、村庄人口聚集程度、污水产生规模、排放去向和人居环境改善需求、自然景观、受纳水体污染物排放总量控制要求及现有技术水平等因素进行确定。一定规模以下的污水治理设施要求原则上可适当放宽，但应规定标准实施的技术和管理措施。

出水直接排入 GB 3838—2002 地表水Ⅱ、Ⅲ类功能水域的及 GB 3097—1997 二类海域的，其相应控制指标值参考不低于 GB 18918—2002 一级 B 标准的浓度限值，且污染物应按照水体功能要求实现污染物总量控制。出水排入 GB 3838—2002 地表水Ⅳ、Ⅴ类功能水域的及 GB 3097—1997 中三、四类海域的，其相应控制指标值参考不低于 GB 18918—2002 二级标准的浓度限值。其中受纳水体有 TN（以 N 计）控制要求的，由地方根据实际情况，科学制定其排放浓度限值。

出水直接排入村庄附近池塘等环境功能未明确的水体，在确定控制指标值时，应保证该受纳水体不发生黑臭，基本控制指标值参考不低于 GB 18918—2002 三级标准的浓度限值，NH_3-N（以 N 计）参考不低于《住房和城乡建设部　环境保护部关于印发城市黑臭水体整治工作指南的通知》（建城〔2015〕130 号）中规定的城市黑臭水体污染程度分级标准轻度黑臭的浓度限值。

出水流经自然湿地等间接排入水体的，其控制指标值参考不低于 GB 18918—2002 三级标准的浓度限值，同时，自然湿地等出水应满足受纳水体的污染物排放控制要求。

2.2.4　尾水利用要求

鼓励优先选择氮磷资源化与尾水利用技术、手段或途径，尾水利用应满足国家或地方相应的标准或要求。其中用于农田、林地、草地等施肥的，应符合施肥的相关标准和要求，不得造成环境污染；用于农田灌溉的，相关控制指标应满足《农田灌溉水质标准》（GB 5084—2005）规定；用于渔业的，相关控制指标应满足《渔业水质标准》（GB 11607—89）规定；用于景观环境的，相关控制指标应满足《城市污水再生利用　景观环境用水水质》（GB/T 18921—2002）规定。特定利用情形且没有相应再生利用水水质要求的，可根据尾水利用特点、土壤性质和生态环境保护需求，在排放标准中规定尾水应达到的水质要求和水质监控位置。功能不确定的水体可由地方生态环境、农业农村主管部门根据当地水环境的实际情况确定。

2.3 农村生活污水治理规划编制指南要求

2.3.1 规划范围

以县级行政区为单元编制农村生活污水治理专项规划，治理范围应覆盖县域内的全部村庄。

2.3.2 规划目标

根据本地实际，提出专项规划期限内的规划目标。规划目标要定性与定量相结合，同时考虑乡村人居环境治理目标，农业农村污染治理攻坚战目标，做到可操作、可统计、可核实。

近期目标以重点治理区域的村庄为主，远期目标延伸至县域内所有村庄。规划指标可包括受益村庄数、受益人口数、治理覆盖率、出水资源化利用率、出水排放处理率、监测覆盖率、政府投资比例、社会投资比例、第三方运维比例、黑臭水体消除比例和饮用水安全达标率等。地方可根据实际情况，选择设定具有地方特色的指标，不局限于以上指标限制。

2.3.3 污水收集系统

排水方式不同，对生活污水的进水浓度和水量有较大影响。参照《建筑给水排水设计标准》（GB 50015—2019）、《室外排水设计规范（2016 年版）》（GB 50014—2006）等规范要求建设污水管网。排水体制原则上应雨污分流，根据村庄规划、地形标高、排水流向等布置污水管道，按照接管短、埋深合理、尽可能依靠重力自流排出的原则布置污水管道；对不能依靠重力自流排出的地区，可采用非重力排水系统，同时对原有污水管网系统进行合理改造。提倡采取建设成本低、施工速度快的方式，通过雨污分流实现污水源头减量；根据服务范围和处理设施位置确定提升设施的位置；没有条件实现污水纳管的村庄，鼓励采用生态处理方式，杜绝化粪池生活污水未经处理的出水直排环境。

统筹考虑农村改厕和污水处理设施建设，合理选择改厕模式，结合各地实际情况，实行“分户改造、集中处理”与单户分散处理相结合。有条件的地方可按照黑水、灰水分类收集、分质处理及回收利用的方式进行收集，积极推动农村厕所粪污资源化利用。东部地区、中西部城市近郊区以及其他环境容量较小地区村庄，加快推进户用卫生厕所建设和改造，同步实施厕所粪污治理。经济条件较好的、有工业基础的村庄采用雨水、污水排水系统的完全分流制度。经济条件一般且已经采用合流制的村庄，近阶段可采用截留式合流制，在进入处理设施前的主干管上设置截流井或其他截流措施，晴天的污水和下雨初期的雨污混合水输送到污水处理设施，经处理后排放；混合污水超过截留管的输水能力后，截流井截流部分雨污混合水后溢流排入水体。远期有条件的村庄应逐步改造为分流制。

2.3.4　污水处理设施建设模式的选择

推荐纳管处理、分散处理、集中处理三种模式。根据《农村生活污染防治技术政策》要求，经济发达、人口密集的村庄，可建设集中式污水处理设施；对于分散居住的农户，鼓励采用低能耗小型分散式污水处理。

纳管处理模式即村庄内所有生活污水经管道收集后，统一接入邻近市政污水管网，利用城镇污水处理厂统一处理。该处理模式具有投资少、施工周期短、见效快、统一管理较方便等特点。适用于距离市政污水管网较近（一般 5 km 以内）、符合高程接入要求的村庄污水处理。通常在靠近城市或城镇、经济基础较好的农村地区采用。

分散处理模式即单户或几户联合建设污水处理设施。该处理模式布局灵活、施工简单、管理方便，具备一定的水质净化能力，不需要较大规模的配套管网。

适用于布局分散、村庄规模较小、地形条件复杂（如山区）、污水不易集中收集、所处区位为非环境敏感地区、出水可回用于庭院绿化和农田灌溉等的村庄污水处理。在这些地区，村庄人口密度小，建设集中收集管网的成本较高，而建设农村污水分散式处理设施不受传统房屋建筑限制，小巧灵活、便捷。

集中处理模式即通过管道收集生活污水后，在村庄内就近建设集中污水处理设施。该处理模式具有占地面积小、抗冲击能力强、运行安全可靠、出水水质好等特点。适用于布局相对密集、规模较大、具有配套的收集管网、村镇企业或旅游业发达的平原地区的单村或联村污水处理，一般要求日产生污水 5 t 以上。对于由河流和国道、省道隔开或地势分开的村庄，可分片建设多套污水收集管网和处理设施；对于地理上相邻的多个村庄，可各建污水收集管网，合建一套污水处理设施。

2.3.5 污水处理设施处理工艺的选择

目前我国农村生活污水处理技术通常分为三种类型：①生物处理，主要包括化粪池、沼气池、氧化沟、序批式活性污泥法（SBR）、生物膜法等技术；②生态处理，主要包括生态滤池、人工湿地、稳定塘、土地渗滤系统等技术；③生物+生态处理，主要为前段生物处理技术，后段根据排水去向选择加入生态处理技术。

《县域农村生活污水治理专项规划编制指南（试行）》要求采用集中处理—达标排放治理模式的村庄，要在明确农村污水处理设施位置、服务范围、规模、管道、泵站等现状要素的基础上，根据村庄自然地理条件、居民分布状况、设施建设基础、环境改善要求、经济社会发展等因素，参照《关于印发分地区农村生活污水处理技术指南的通知》（建村〔2010〕149 号）、《村镇生活污染防治最佳可行技术指南（试行）》（HJ-BAT-9），根据污水来源、水量和水质、用地、地方农村生活污水排放标准、经济条件、运维管理水平等因素，确定处理设施类型及工艺路线。有条件的地区，鼓励采用以渔净水、人工湿地、稳定塘等生态处理模式。优先采用顺坡就势、沟底铺管、雨污分流、过滤沉淀、坑塘存蓄、浇灌农田等生态化、资源化等低成本模式，尽量不破路开沟、征占土地。

2.3.6　运维管理体系的要求

《县域农村生活污水治理专项规划编制指南（试行）》要求按照运维管理目标，落实各级管理职责，探索建立以县级政府为责任主体、乡镇（街道）为管理主体、村级组织为落实主体、农户为受益主体、运维机构为服务主体的“五位一体”运维管理体系。鼓励第三方运维机构按照技术托管和总承包方式开展运维管理服务。按照运维管理目标，落实各级管理职责，建立健全农村生活污水治理设施运维管理体系。

2.4　农村生活污水治理技术标准要求

农村生活污水处理设施应按村庄建设规划和区位特点，在对农村生活污水处理设施的建设、运行、维护及管理进行综合经济比较和分析基础上，因地制宜地选择适宜的处理方式、技术工艺和管理方式，并应优先考虑将资源化利用与农业生产结构相结合。

2.4.1　设计水质水量要求

2.4.1.1　设计水量

农村生活污水排放量应根据实地调查数据确定。当缺乏实地调查数据时，污水排放量应根据当地人口规模、用水现状、生活习惯、经济条件地区规划等确定或根据其他类似地区排水量确定，也可根据表 2-1 的数值和排放系数确定。

表 2-1　农村居民日用水量参考值

村庄类型	用水量/［L/（人·d）］
有水冲厕所，有淋浴设施	100～180
有水冲厕所，无淋浴设施	60～120
无水冲厕所，有淋浴设施	50～80
无水冲厕所，无淋浴设施	40～60

注：排放系数取用水量的 40%～80%。

2.4.1.2　设计水质

农村生活污水水质应根据实地调查数据确定。当缺乏调查数据时，设计水质宜根据当地人口规模、用水现状、生活习惯、经济条件、地区规划等确定或根据其他类似地区排水水质确定。当农户未设置化粪池时，可按表 2-2 的数值确定。

表 2-2　农村居民生活污水水质参考值

主要指标	pH	SS/（mg/L）	COD/（mg/L）	BOD_5/（mg/L）	NH_3-N/（mg/L）	TP/（mg/L）
建议取值范围	6.5～8.5	100～200	100～450	70～300	20～90	2.0～7.0

注：厕所污水单独经化粪池处理后出水浓度高于表中参考值。

2.4.2　污水收集要求

2.4.2.1　一般规定

农村生活污水收集宜采用分流制。农村生活污水收集及排放系统应包括农户庭院内的户用污水收集系统、农户庭院外的污水收集系统和污水处理设施出水排放系统。污水管道及其坡度宜根据排量及流速确定。污水管道设计可按现行国家标准《建筑给水排水设计标准》（GB 50015—2019）、《室外排水设计规范（2016年版）》（GB 50014—2006）的有关规定执行。敷设重力管网有困难的地区可采用非重力排水系统。

2.4.2.2　污水收集

农户庭院污水收集系统敷设方式应结合农户的生活习惯、风俗文化、庭院布局、污水处理方式等因素确定。农户庭院污水收集系统应包含排水管、检查井等设施。厕所污水和生活杂排水宜分开收集并资源化。当采用村庄集中污水处理或纳入城镇污水管网时，厕所粪便污水应先排入化粪池，再流入排水管；厨房和洗浴污水可直接进入排水管（沟）。在厨房和浴室下水道前宜安装清扫口，出庭院前应设置检查井。庭院外污水收集系统应包括接户管、支管、干管、检查井和提升泵站等设施。污水管网应根据村落的格局、地形地貌等因素合理敷设。农村排水系统宜采用预制化检查井。

2.4.3　污水处理要求

农村生活污水处理工程建设应根据各地具体情况和要求，综合经济发展与环境保护、处理水的排放与利用等的相互关系，结合农村及农业的相关发展规划，充分利用现有条件和设施。农村生活污水处理宜以县级行政区域为单元，实行统一规划、统一建设、统一运行、统一管理。农村生活污水处理主要有分户污水处理、村庄集中污水处理、纳入城镇污水管网处理三种方式并应按管网铺设条件、排水去向、纳入市政管网的条件、经济条件和管理水平等确定污水处理方式。农村生活污水处理工程应建立保障制度。污水处理工程位置和用地的选择，应符合国家和地方有关规定。

农村污水治理宜采用生物膜法、活性污泥法、自然生物治理和物理化学方法等。污水处理技术应与当地农村特点相适应。农村污水处理技术有化粪池、厌氧生物膜池、生物接触氧化池、生物滤池、生物转盘、氧化沟、传统活性污泥曝气池、人工湿地、稳定塘等，其他与当地农村特点相适应的技术也可以采用。

第 3 章　农村生活污水治理技术工艺

农村生活污水处理主要包括预处理和终端处理两部分技术。根据农村生活污水的水质水量特征，选择不同的预处理技术和设施；根据处理去向和排放标准，选择相应的终端处理技术。目前，适用于我国农村地区的终端污水处理技术主要有稳定塘、人工湿地、地下土壤渗滤系统、接触氧化技术、SBR 技术、A/O（A^2/O）技术、MBR 技术等。近年来，为适应农村地区污水量小、分散的特点，小型一体化污水处理装置迅速发展。小型一体化污水处理装置具有处理规模小型化、处理系统集成化、设备制造一体化等特点，便于标准化安装和运行，代表了微型分散式污水处理设施的发展方向。农村生活污水治理主要适用技术见附录 2。

3.1　预处理技术设施

根据处理系统的进水污染程度、固体悬浮物含量及出水水质要求来选择相应的预处理技术设施。

3.1.1　户用清扫井

户用清扫井属于户内设施，一般设置在厨房出水端与接户检查井之间，离厨房较近，主要用于对普通农户厨房出水的隔油和隔渣，从每家每户污水收集的前端去除部分污染物，以减少管网堵塞、减轻终端处理压力。

接户井的设计可参照隔油池，一般是长、宽、高为 0.3～0.5 m 的塑料井或土建井，或直径为 0.3～0.5 m 的圆井，内置隔渣板或隔渣栏。

3.1.2　化粪池

化粪池是一种利用沉淀和厌氧发酵的原理，去除生活污水中悬浮性有机物的处理设施，属于初级的过渡性生活污水处理构筑物。化粪池设计可参考《给水排水设计手册》第 2 册和化粪池标准图集，结合出水水质要求进行设计。化粪池设计应考虑以下事项：

（1）化粪池的设计应与村庄排污和污水处理系统统一考虑设计，使之与排污或污水处理系统形成一个有机整体，以便充分发挥化粪池的功能。同时为防止污染地下水，化粪池须进行防水、防渗设计。

（2）化粪池的平面布置选位应充分考虑当地地质、水文情况和基底处理方法，以免施工过程中出现基坑护坡塌方等问题。

（3）三格式化粪池第一格容积占总容积的 50%～60%，第二格容积占 20%～30%，第三格容积占 20%～30%；若化粪池污水量超过 50 m^3/d，宜设两个并联的化粪池；化粪池容积不宜小于 2.0 m^3，且最好设计为圆形化粪池（又称化粪井），采取大小相同的双格连通方式，每格有效直径应不小于 1.0 m。

（4）化粪池距地下给水排水构筑物距离应不小于 30 m，距其他建筑物距离应不小于 5 m，化粪池的位置应便于清掏池底污泥。

（5）化粪池的水力停留时间宜选 48 h 或以上，污染物产生量取 0.1～0.14 m^3/(人·a)，有效水深取 2～3 m，池体容积为污水量与污泥量之和，滤料层高度为 0.8～1.2 m。

3.1.3　格栅池

污水中固体悬浮物含量高时就需要设置格栅。设计采用格栅栅条的间隙可分为三级：细格栅的间隙为 4～10 mm；中格栅的间隙为 15～25 mm；粗格栅的间隙为 40 mm 以上。

格栅空隙的有效总面积，一般按流速 0.8～1.0 m/s 计算，最大流量时可高至 1.2～1.4 m/s。用人工清除栅渣时，不应小于进水管渠有效面积的 2 倍；用机械清除时，不应小于进水管渠有效断面的 1.2 倍。

格栅前渠道内的水流速度一般采用 0.4～0.9 m/s。格栅的水头损失为 0.1～0.4 m。格栅倾斜角一般采用 45～80°。应根据格栅选型，配套设计格栅池。格栅池上必须设置工作台，其高度应高出格栅前设计最高水位 0.5 m。工作台上应该有安全和冲洗设施。

3.1.4 调节池和调蓄池

农村生活污水处理应设置调节池，其作用是收集和储蓄污水。分散式污水处理设施水量较小，不需要设置污水调节池。调节池的容积可根据实际污水量和水质的变化进行计算和校核，应不小于 0.5 d 设计水量。水质水量变化很大的，有条件的可采取回流的方式均化水质。调节池水力停留时间一般不宜小于 12 h。调节池应设置入孔、通风管等，调节池宜具有沉沙功能。

有人口迁移和农业生产加工等对污水处理设施带来影响的，可设置专用调蓄池。

3.1.5 隔油池

隔油池的作用是分离、收集餐饮污水中的固体污染物和油脂。农家乐、民宿餐饮污水经过滤隔渣，再经过三格式隔油池沉淀悬浮杂物和油水分离的工艺过程处理后，最后进入管网或农村生活污水处理设施。严禁泔水进入餐饮污水隔油处理系统。

隔油池的设计应综合考虑餐饮污水排水量、水力停留时间、池内水流流速、池内有效容积等因素，各项技术参数指标应按照《建筑给水排水设计规范》（GB 50015—2019）、《餐饮废水隔油器》（CJ/T 295—2008）、《饮食业环境保护技术规范》（HJ 554—2010）等标准设计。隔油池的设计应以户定案。设计单位根据农家乐、民宿经营户的厨房面积、餐厅面积，就餐人数来计算排水量，并对实际排放餐饮污水情况进行调查核实。

隔油池可以视情况现场构筑，亦可购买成品。可根据实际使用情况采用地上式、地埋式、半埋式等安装方式。

隔油池应进行防渗处理和满水试验，确保隔油池在稳定运行中无污水渗漏。隔油池废物优先考虑资源化回收和利用，可纳入餐厨垃圾处理系统进行集中处置。

3.1.6 沉淀池

沉淀池按工艺布置的不同，可分为初次沉淀池和二次沉淀池。初次沉淀池处理的对象是悬浮物质，同时可去除部分 BOD_5，可改善生物处理构筑物的运行条件并降低其 BOD_5 负荷。其形式按池内水流方向的不同，可分为平流式沉淀池、竖流式沉淀池、辐流式沉淀池和斜流式沉淀池四种。二次沉淀池设在生物处理构筑物的后面，用于沉淀去除活性污泥或腐殖污泥，它是生物处理系统的重要组成部分。

对于 5 个人口当量的单个家庭处理系统，沉淀池的总体积必须达到 2 m^3。对于较大的系统，沉淀池扩大体积应该与处理的人口当量成正比。沉淀池的个数或分格不应少于 2 个，一般按同时工作设计，容积应按池前工作水泵的最大设计出水量计算，自流进入时，应按管道最大设计流量计算。池内污泥一般采用静水压力排出。池内污泥采用机械排泥时可连续排泥或间歇排泥，不采用机械排泥时应每天排泥。

3.2 粪污资源化利用

农村生活污水治理应与改厕统筹开展，结合厕所模式选择污水治理的技术工艺。目前，农村户用厕所主要模式及粪污处理去向见表 3-1。

表 3-1　农村户用厕所模式及粪便处理去向

序号	类型	模式	适用地区	粪污去向
1	水冲厕	水冲式卫生厕所	供水方便，有排污管网的平原地区，易地搬迁新村，以村为单元实施改造	粪便通过户内管网排入化粪池，经初步分解后排至村级污水处理站进行再次深度处理
2		双瓮漏斗式厕所	山区村，农户有单独厕屋，以户为单元实施改造	粪便尿液直接进入第一瓮池密闭发酵分解，再在压力作用下排入第二瓮池，由农户定期清运，粪液用于堆肥
3		三格式化粪池	适用于我国广大农村地区，在北方寒冷地区要增加化粪池埋深或地上覆盖保温层，确保池内储存的粪液不会冻结	第三池粪水可作为增产高效的有机肥，直接使用即可改良土壤，从而达到粪便无害化处理
4		三联通沼气式厕所	适用于我国广大农村地区养殖农户，在高寒地区要处理好冬季防冻问题，如沼气池建在暖棚内	人畜粪便进入沼气池发酵过滤，达到无渗漏，粪便及时清除，达到无害化及资源化处理
5	旱厕	粪尿分集式厕所	适用于干旱缺水的山区、高寒地区和偏远村庄	将粪便和尿液分开收集，富含养分且基本无害的尿液经过短期发酵直接用作肥料，含有寄生虫卵和肠道致病菌的粪便采用干燥脱水、自然降解的方法进行无害化处理，形成腐熟的腐殖质回收利用
6		双坑交替式厕所		便后加入略经干燥的黄土，密封储存，粪便中的有机质缓慢降解，长时间储存后可用于农田施肥
7		原位微生物降解生态厕所		将排泄物分解为水、二氧化碳和残余物质，不使用特殊的细菌和化学物质，利用自然的力量实现“自然循环降解，将废物转化为有机肥”的目的。可以与农业、林业种植有机结合，固碳肥田，生态循环

粪污还田不仅可将其资源化再利用，还能为农户节省肥料成本，产生经济效益和环境效益。但是，粪污须进行无害化处理，达到《粪便无害化卫生要求》（GB 7959—2012）后才能进一步资源化。

粪污主要通过三格式化粪池和末端处理设施处理后达到无害化要求。按《农村户厕卫生规范》（GB 19379—2012）建设的设施停留时间应不低于60天，其中一池（截流沉淀与发酵池）20天，二池（再次发酵池）10天，三池（贮粪池）30天。三格式化粪池为多次厌氧发酵。其中一池为厌氧发酵分解层，阻留沉淀寄生虫卵；二池为深度厌氧发酵，游离氨浓度上升，杀菌杀卵，可达到无害化要求。

但是，近年来随着农村地区水冲式厕所增多，冲水量加大，且部分洗澡水也进入了化粪池；污水处理过程中未能有效控制为厌氧条件（大多数为兼氧），停留时间不足，导致化粪池消杀时间不足，以及末端无消杀设施，进而大肠菌群超标严重。

在化粪池预处理无法达到无害化要求的情况下，需要在处理终端增加消毒杀菌设施（紫外优先），确保粪大肠菌群达标排放，避免卫生指标不达标情况下资源化利用所带来的健康风险隐患。如果粪污已实现无害化，可进一步通过特定的处理回用技术，将粪便还田，实现资源化利用。

3.2.1　粪便还田利用

粪便还田利用技术是将粪尿全部作为肥料资源化利用，分为粪尿分离处理和粪尿不分离处理两种处理方式，每种方式下又根据农户居住条件，细分成两种利用途径。对于粪尿分离处理，粪便与填料混合发酵处理后的利用去向：其一，农户层面直接就地消纳，即农户庭院有小菜地或小果园，农户可将粪便和填料混合发酵物直接作为庭院作物的肥料；其二，农户没有小菜地或小果园，则统一收集运送至大田，回田利用。对于粪尿不分离的处理方式，粪便利用去向：其一，农户自家修建堆沤池，将三格化粪池中第一格内粪便转移至堆沤池，附加秸秆填料进行堆肥处理，从农户庭院层面直接消纳；其二，农户构建堆沤池，将粪污堆肥处理后统一收集转移至大田回用。

针对我国干旱地区缺水少雨的特点，通过对填料配比、菌剂、堆肥时间及堆肥温度的调节，制定不同作物、不同土壤类型的粪便堆肥还田方案，可实现干旱地区粪便的无害化、资源化。

针对我国寒冷农村粪便易冻结、难处理等问题，可采取农村粪便“统一收集、集中处置、统一还田”的方式。通过对填料配比、菌剂、堆肥时间以及堆肥温度的调节，制定不同作物、不同土壤类型的粪便堆肥还田方案，实现寒冷地区粪便的无害化、资源化。

针对我国南方水网环境特点，对于水田，主要采用粪便水肥一体化处理，通过填料配比、菌剂、堆肥时间及堆肥温度的调节，制定不同作物（水稻、玉米、小麦等）、不同土壤类型、还田类型（水田、旱地等）的粪便堆肥还田实施方案，实现南方水网粪便的无害化、资源化。对于旱田，主要采用统一收集、集中回田的方式，结合当地经济发展水平，可通过机械化大田施肥方式进行粪便的回田处置，实现粪便的资源化利用。

3.2.2 尿液还田利用

根据农户生产习惯，主要对尿液进行还田利用。可分为两种方式，对于粪尿分离式处理方式，将尿液单独收集后，根据农户条件，细分成两种利用途径。其一，利用一体化水肥技术，在灌溉水中配合适比例的尿液，用于农户庭院小菜园和小果园的肥料供给。其二，对于没有庭院结构的农户，将尿液统一收集后，集中进行水肥一体化还田利用。对于粪尿不分离式处理方式，待三格式化粪池出水达到一定时间后，再采取分散收集、就地消纳，或统一收集、还田利用。

针对我国干旱地区不同作物（小麦、玉米、大豆等）种植种类、结合当地环境特点，通过尿液水肥一体化还田，优化制定不同作物水尿不同配比参数、实现尿液的无害化、资源化再利用。

针对我国寒冷地区尿液处理技术及高寒环境分散式处理特点，采取统一收集、集中处置的方式进行水肥一体化尿液还田，制定不同作物、不同土壤类型的尿液还田实施方案，实现尿液的资源化和无害化。

南方水网地区的农村厕所一般采用三格化粪池、水冲式厕所，尿液一般与粪便统一进入化粪池，经过发酵处理，最终可以通过小菜地、小果园就地处置。也可以通过统一收集、集中处置的方式进行大田回用，制定不同作物吸收、不同土壤类型的尿液还田方案，实现我国南方水网地区尿液的资源化和无害化。

3.3　稳定塘

3.3.1　技术概述

稳定塘又称“氧化塘”或“生物塘”，是一种利用天然净化能力对污水进行处理的构筑物的总称。其净化过程与自然水体的自净过程相似。通常是将土地进行适当的人工修整，建成池塘，依靠塘内生长的微生物来处理污水，并设置围堤和防渗层，防止其污染地下水。可以种植水生植物和进行水产养殖，将污水处理与利用结合起来，实现污水处理资源化。

根据塘内微生物的类型和供氧方式，稳定塘可以分为四类：好氧塘、兼性塘、厌氧塘和曝气塘，此外还有其他类型的稳定塘（如生态塘、控制出水塘等）。具体规范详见《污水自然处理工程技术规程》（CJJ/T 54—2017）。

3.3.2　适用范围与条件

稳定塘适用于中低污染物浓度的生活污水处理，尤其是有山沟、水沟、低洼地或池塘，土地面积相对丰富的地区。

稳定塘的选址应符合村庄总体规划的要求，因地制宜利用废旧河道、池塘、沟谷、沼泽、湿地、荒地、盐碱地、滩涂等闲置土地；应选在水源下游，并宜在夏季最小风频的上风向，与居民住宅的距离应符合卫生防护距离的要求；塘址的土质渗透系数（K）宜小于 0.2 m/d；塘址选择必须考虑排洪设施，并应符合该地区防洪标准的规定；塘址选择在滩涂时，应考虑潮汐和风浪的影响。

优点：结构简单，无须污泥处理，出水水质好，投资成本低，无能耗或低能耗，运行费用省，维护管理简便。

缺点：负荷低，污水进入前须进行预处理，占地面积大，处理效果随季节波动大，塘中水体污染物浓度过高时会产生臭气和滋生蚊虫。

3.3.3 技术规程

3.3.3.1 主要内容

稳定塘设计应包括厌氧塘、兼性塘、部分曝气塘、生态塘、控制出水塘等。根据污水、环境特征和出水要求选择预处理方式、各种塘设计参数、塘体设计和附属设施。设计程序如图 3-1 所示。

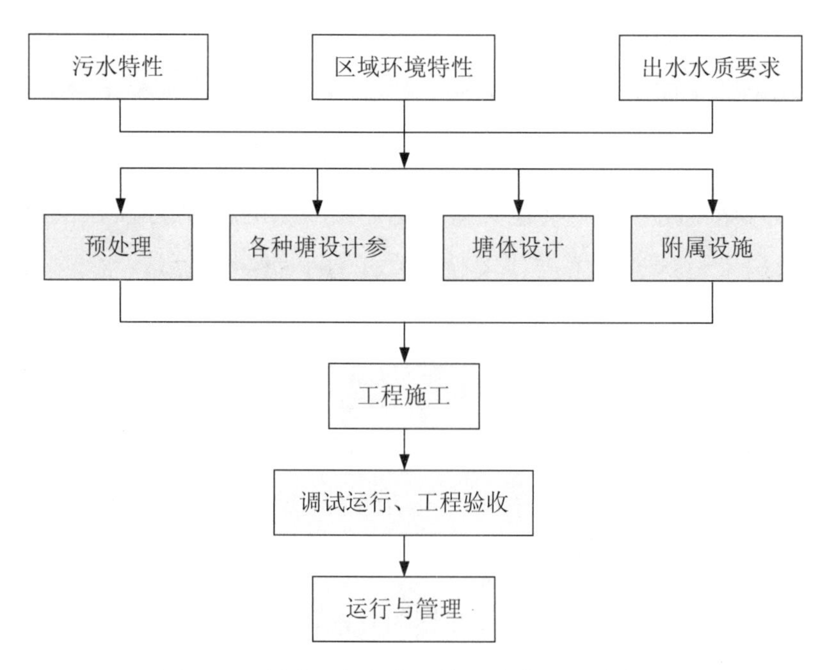

图 3-1 生活污水稳定塘处理技术设计流程

3.3.3.2　厌氧塘

厌氧塘较深，一般在 2.5 m 以上，最深可达 4～5 m，有机负荷较高，有机物降解需要的氧量超过了光合作用和大气复氧所能提供的氧量，使塘呈厌氧状态。通常置于塘系统首端，将其作为预处理与兼性塘和好氧塘组合运行，其功能是利用厌氧反应高效、低耗的特点去除有机物，保障后续塘的有效运行，设计要点及参数如下：

（1）厌氧塘一般为长方形，长宽比为 2∶1～2.5∶1，有效深度（包括水深和泥深）为 3～5 m。当地下水位大于 8 m 时，可以采用 6 m。

（2）厌氧塘的底部储泥深度，设计值不应小于 0.5 m。污泥产生量按 20 L/（人·a）设计。

（3）厌氧塘应采取平底，坡度 0.5%，以利排泥；堤的内坡按垂直与水平之比为 1∶1～1∶3；塘的保护高度为 0.6～1.0 m。

（4）厌氧塘进口位于接近塘底的深度处，高于塘底 0.6～1.0 m，塘底宽度小于 9 m 时，可设置一个进水口，较大的塘可设置多个进水口。

（5）厌氧塘的出口为淹没式，淹没深度不应小于 0.6 m，并不得小于冰覆盖层厚度。厌氧塘单塘面积不宜大于 1 000 m^2。

3.3.3.3　兼性塘

兼性塘是指塘水在上层有氧、下层无氧的状态下净化污水的稳定塘。兼性塘污水的净化，是由好氧、兼性、厌氧细菌共同完成的。

兼性塘可用以处理厌氧塘出水，兼性塘之后也可以增设深度处理塘，设计要点及参数如下：

（1）兼性塘系统可采用单塘，在塘内应设置导流墙。

（2）兼性塘也可以按串联或并联形式布置多塘系统，一般多用串联塘。

（3）兼性塘内可采取加设生物膜载体填料、种植水生植物和机械曝气等强化措施。

（4）应在满足表面负荷的前提下考虑塘深，适当增加塘深以利过冬。

（5）设计塘深应考虑贮泥层的深度和北方地区冰盖的厚度，以及为容纳流量变化和风浪冲击的超高，塘内贮泥层厚度可按 0.3 m 考虑，冰盖厚度一般为 0.2～0.6 m，超高为 0.5～1.0 m。

（6）兼性塘的水深为 1.2～1.5 m。塘形采用方形或矩形。矩形塘长宽比一般为 3∶1，塘的四周应做成圆形避免死角。

根据冬季月平均气温资料，可供参考的污水面积负荷及水力停留时间如表 3-2 所示。

表 3-2　适用于农村的兼性塘有机负荷及水力停留时间

冬季月平均气温/℃	BOD_5 负荷/［kg/（$10^4 m^2 \cdot d$）］	停留时间/d
0～10	30～50	20～40
−10～0	20～30	40～120

（7）基本参数：

①表面积：

$$A_1 = \frac{QC_0}{L_0}$$

式中，A_1 —— 初级塘总表面积，m^2；

Q —— 污水设计流量，m^3/d；

C_0 —— 进水 BOD_5 浓度，mg/L；

L_0 —— 初级稳定塘的 BOD_5 面积负荷，g/（$m^2 \cdot d$）。

②初级稳定塘的尺寸：

$$L_1 = \sqrt{\frac{RA_1}{n_1}}$$

$$W_1 = \frac{1}{R} L_1$$

式中，L_1 —— 单塘水面长度，m；

R—— 塘水面长宽比，如长宽比为 3∶1 时，$R=3$；

W_1—— 单塘水面宽度，m；

n_1—— 初级稳定塘的个数。

③单塘容积（有斜边和圆角的矩形塘）：

$$V_1=\left[(L_1\times W_1)+(L_1-2sd_1)(W_1-2sd_1)+4(L_1-sd_1)(W_1-sd_1)\right]\frac{d_1}{6}$$

式中，V_1—— 单塘容积，m^3；

s—— 边坡系数，如坡度为 3∶1 时，$s=3$；

d_1—— 初级稳定塘的有效深度，m。

④单塘有效容积（有斜边和圆角的矩形塘）：

$$V_1'=\left[(L_1\times W_1)+(L_1-2sd_1')(W_1-2sd_1')+4(L_1-sd_1')(W_1-sd_1')\right]\frac{d_1'}{6}$$

式中，V_1'—— 单塘有效容积，m^3；

d_1'—— 初级稳定塘的有效深度，m，一般取 1.5～2.0 m。

⑤初级稳定塘的停留时间：

$$t_1=\frac{V_1'n_1}{Q}$$

3.3.3.4　部分曝气塘

部分曝气塘的曝气供氧量应按生物氧化降解有机负荷计算，其曝气功率一般为 1～2 W/m^3。部分曝气塘的设计采用完全混合模型。

3.3.3.5　生态塘

生态塘一般用于污水的深度处理，进水污染物浓度低，也被称为深度处理塘。塘中可种植水生植物，养殖鱼、鸭、鹅等，通过食物链形成复杂的生态系统，以提高净化效果，设计要点及参数如下：

（1）生态塘水中溶解氧应不小于 4 mg/L，可采用机械曝气充氧。

（2）生态塘中放养的鱼种和比例应根据当地养鱼的成功经验和有关研究成果确定。

（3）塘中养殖的水生动、植物密度应由实验确定。

生态塘设计采用 BOD_5 表面负荷设计法，其设计步骤与计算公式见表 3-3。

表 3-3　生态塘设计步骤与计算公式

计算步骤	计算公式	符号说明
1. 塘总有效面积	$A=\frac{QC_0}{L_0}$	A——塘总有效面积，m^2； Q——污水设计流量，m^3/d； C_0——进水 BOD_5 浓度，mg/L； L_0——BOD_5 负荷，g/（$m^2 \cdot d$）； A_1——单塘有效面积，m^2； n——塘个数； L_1——单塘水面长度，m； R——塘水面的长宽比，如长宽比为 3∶1 时，$R=3$； W_1——单塘水面宽度，m； V_1——单塘有效容积，m^3； d_1——单塘有效深度，m s——水平坡度系数，如坡度为 3∶1 时，$s=3$； t——水力停留时间，d； L——单塘长度，m； d——塘总深度，m； W——单塘宽度，m； V_2——单塘容积，m^3； V——塘总容积，m^3
2. 单塘有效面积	$A_1=\frac{A}{n}$	
3. 单塘水面长度	$L_1=\sqrt{RA_1}$	
4. 单塘水面宽度	$W_1=\frac{1}{R}L_1$	
5. 单塘有效容积（有斜坡的长方形塘）	$V_1=[(L_1\times W_1)+(L_1-2sd_1)(W_1-2sd_1)+4(L_1-sd_1)(W_1-sd_1)]\frac{d_1}{6}$	
6. 水力停留时间	$t=\frac{nV_1}{Q}$	
7. 单塘长度	$L=L_1+2s(d-d_1)$	
8. 单塘宽度	$W=W_1+2s(d-d_1)$	
9. 单塘容积	$V_2=[(L\times W)+(L-2sd)(W-2sd)+4(L-sd)(W-sd)]\frac{d}{6}$	
10. 塘总容积	$V=nV_2$	

3.3.3.6　控制出水塘

为保证其他稳定塘（兼性塘、部分混合曝气塘、生态塘）的出水效果或为适应农灌用水需要，应设置控制出水塘。控制出水塘在冬季一般用作储存塘，冬季污水在塘内的水力停留时间取决于该地区的冰封期及冰融后的水质状况。最低水位时的水深为 0.5 m，包括厌氧污泥层在内。控制出水塘容积设计应考虑到冰封期需要贮存的水量，塘深应大于最大冰冻深度 1 m，塘数不宜少于 2 座。控制出水塘应按照兼性塘校核其有机负荷率。

控制出水塘设计数据应根据污水浓度、气候条件及地理条件等因素确定。具体如表 3-4 所示。

表 3-4　控制出水塘塘型及其主要参数

参数	塘型			
	厌氧塘		兼性塘	
	冬季	夏季	冬季	夏季
有效水深/m	3.5	8.0	2.0	3.5
水力停留时间/d	50	120	30	60
BOD_5 负荷/［kg/（$10^4 m^2 \cdot d$）］	60	150	10	80
塘数	1	2	1	3
BOD_5 去除率/%	30	60	20	40

控制出水塘的设计以塘深为设计基础，流态按推流式考虑。其设计公式如表 3-5 所示。

表 3-5　控制出水塘主要设计参数

名称	公式	符号说明
塘表面积（已知水力停留时间或储存时间）	$A=\dfrac{Qt_w}{h_w+\left(\bar{V}_e+\bar{V}_p\right)t_w\times 10^{-3}}$ $A=\dfrac{Qt_s}{\sum h_{wi}+\left(\bar{V}_e+\bar{V}_p\right)t_w\times 10^{-3}}$ （应用于各级塘表面积相同时）	A——塘表面积，m^2； Q——平均污水流量，m^3/d； t_w——冬季水力停留时间，d； t_s——储存时间，d； h_w——冬季有效水深，m； $\bar{V}_e$——平均蒸发量，mm/d； $\bar{V}_p$——平均降水量，mm/d； i——第 i 塘，i=1−n

名称	公式	符号说明
塘有效容积和总容积	$V=h_pA$ $V=h_TA$	A——塘表面积，m^2； h_T——塘总深度，m； $h_T=h_w+h_p$； h_p——储泥层深，m
冬季水层 BOD_5 值	$C_e^t=C_0e^{-K_p^T}t_s^t$ $K_p^T=K_p^{20}\theta^{T-20}$ $t_s^t=t_s-\dfrac{h_I}{h_w}t_w$	K_p^T——水温为 T 时 BOD_5 一级反应速率常数，d_1，$K_p^{20}=0.028$； T——水层平均温度，℃； θ——温度系数，θ=1.02～1.04； t_s^t——储存时间校正值，d； h_I——塘 I 水深，m； h_w——塘 w 水深，m； t_s——储存时间，d； C_0——初始进水平均 BOD_5 值，mg/L； C_e^t——冬季水层 BOD_5 值，mg/L
冰融后混合水 BOD_5 值	$C_e=C_e^t+\dfrac{C_0-C_e'}{V}h_tA$	C_0——进水平均 BOD_5 值，mg/L； C_e——冰融后混合水 BOD_5 值，mg/L； C_e'——冰融前水层 BOD_5 值，mg/L； h_t——平均冰冻层深度，m； A——塘表面积，m^2
储存期的 BOD_5 负荷	$L_0=\dfrac{C_0Q\times 10}{A}\left(\dfrac{t_w}{t_s}\right)$	L_0——储存期的 BOD_5 负荷，mg/L； t_w——冬季水力停留时间，d； t_s——储存时间，d； C_0——初始进水平均 BOD_5 值，mg/L； Q——平均污水流量，m^3/d； A——塘表面积，m^2

3.3.3.7 主要设备和材料

（1）填料

悬（浮）挂式填料和悬浮式填料应符合《环境保护产品技术要求　悬挂式填料》（HJ/T 245—2006）、《环境保护产品技术要求　悬浮填料》（HJ/T 246—2006）的规定。

填料的技术参数包括：填料附着生物量、附着生物膜厚度和生物膜活性。

（2）曝气设备

悬挂式填料宜采用鼓风式穿孔曝气管、中孔曝气器，悬浮填料宜采用穿孔曝气管、中孔曝气器、射流曝气器、螺旋曝气器。曝气设备和鼓风机的选择以及鼓风机房的设计应参照《室外排水设计规范》（GB 50014—2006）的有关规定。

单级高速曝气离心鼓风机应符合《环境保护产品技术要求　单级高速曝气离心鼓风机》（HJ/T 278—2006）的规定。罗茨鼓风机应符合《环境保护产品技术要求　罗茨鼓风机》（HJ/T 251—2006）的规定。中孔曝气器应符合《环境保护产品技术要求　中、微孔曝气器》（HJ/T 252—2006）的规定。射流曝气器应符合《环境保护产品技术要求　射流曝气器》（HJ/T 263—2006）的规定。

（3）混合搅拌设备

在缺氧池设置悬挂式填料，宜采用水力搅拌、低氧空气搅拌等方式；搅拌强度应满足生物膜的正常新陈代谢。机械搅拌器布置的间距、位置，应根据试验确定或由供货厂方提供。应根据反应池的池形选配搅拌器，搅拌器应符合《环境保护产品技术要求　推流式潜水搅拌机》（HJ/T 279—2006）的规定。

（4）过程检测

缺氧区的溶解氧浓度应控制在 0.2～0.5 mg/L，好氧区的溶解氧浓度宜控制在 2.0～3.5 mg/L。应对接触氧化池中的填料进行性能检测，检测项目包括：总生物量、填料附着生物量、悬浮生物量，以及填料附着生物膜厚度和生物膜活性等。

3.3.3.8　塘体设计

（1）一般规定

①稳定塘的塘体用料应就地取材。

②稳定塘单塘宜采用矩形塘，长宽比不应小于 3∶1～4∶1。

③第一级塘污泥增长较快，宜于并联运行，以便使其中的一个塘停水以清除污泥。

④利用旧河道、池塘、洼地等修建稳定塘，当水力条件不利时，宜在塘内设

置导流墙（堤）。

⑤对塘体的堤岸应采取防护措施。

（2）堤坝设计

①堤坝宜采用不易透水的材料建筑。土坝应用不易透水材料做心墙或斜墙。

②土坝的顶宽不宜小于 2 m，石堤和混凝土堤顶宽不应小于 0.8 m。当堤顶允许机动车行驶时，其宽度不应小于 3.5 m。

③土堤迎水坡应铺砌防浪材料，宜采用石料或混凝土。在设计水位变动范围内的最小铺砌高度不应小于 1.0 m。

④土坝、堆石坝、干砌石坝的安全超高应根据浪高计算确定，不宜小于 0.5 m。

⑤坝体结构应按相应的永久性水工构筑物标准设计。

⑥坝的外坡设计应按土质及工程规模确定。土坝外坡坡度宜为 4∶1～2∶1，内坡坡度宜为 3∶1～2∶1。

⑦塘堤的内侧应在适当位置（如进、出水口处）设置阶梯、平台。

（3）塘底设计

①塘底应平整并略具坡度，倾向出口。竣工高程与塘底平均高程之差不得超过 0.15 m，并应充分夯实，以防过多的渗漏。

②塘底原土渗透系数 K 值大于 0.2 m/d 时，应采取防渗措施。

（4）进、出水口设计

①进、出水口宜采用扩散式或多点进水方式。进水口应当采用淹没式，以减少冲刷。出水口应设置挡板，潜孔出流，以防止排出漂浮固体。出水口离进水口越远越好，以防止污水短流发生。

②进水口至出水口的水流方向应避开当地常年主导风向，宜与主导风向垂直。

（5）跌水

在多塘系统中，前后两塘有 0.5 m 以上水位落差时，连通口可采用粗糙斜坡或阶梯式跌水曝气充氧。

3.4　人工湿地

3.4.1　技术概述

人工湿地是模拟自然湿地的人工生态系统，是一种由人工建造和控制运行的与沼泽地类似的地面，由石砂、土壤、煤渣等一种或几种介质按照一定比例构成，并有选择性地植入植物的污水处理生态系统。在人工湿地系统处理污水过程中，污染物主要利用基质、微生物和植物复合生态系统的物理、化学和生物三种处理协调作用，通过过滤、吸附、沉淀、离子交换、植物吸收和微生物分解来实现污水的高效净化。

根据系统布水或水流方式的不同，人工湿地系统可分为表面流人工湿地、潜流人工湿地（图 3-2）和复合型人工湿地，其中潜流人工湿地又分为水平潜流人工湿地、垂直潜流人工湿地。表面流人工湿地不易堵塞，运行管理相对简单，但处理效率相对较低，占地面积大。水平潜流人工湿地处理效率中等，对有机物、悬浮物等去除效果优良，传统水平潜流人工湿地对 N、P 去除率一般，占地面积中等。垂直潜流人工湿地（间隙进水方式）处理效率相对较高，对有机物、N、固体悬浮物等物质去除效果好，占地面积相对较小，但运行管理相对复杂，易发生堵塞风险，小规模污水处理应用可以考虑反冲洗系统。

鉴于不同系统的优势，不同类型的人工湿地可以相互组合使用，复合型人工湿地为上述 2 种以上人工湿地类型组合，可以利用不同类型人工湿地的特点，达到处理效率、运行管理和占地面积之间的平衡。在具体应用时，可以根据进出水水质要求和当地可用地面积、地质、地貌、气候等自然条件选取。

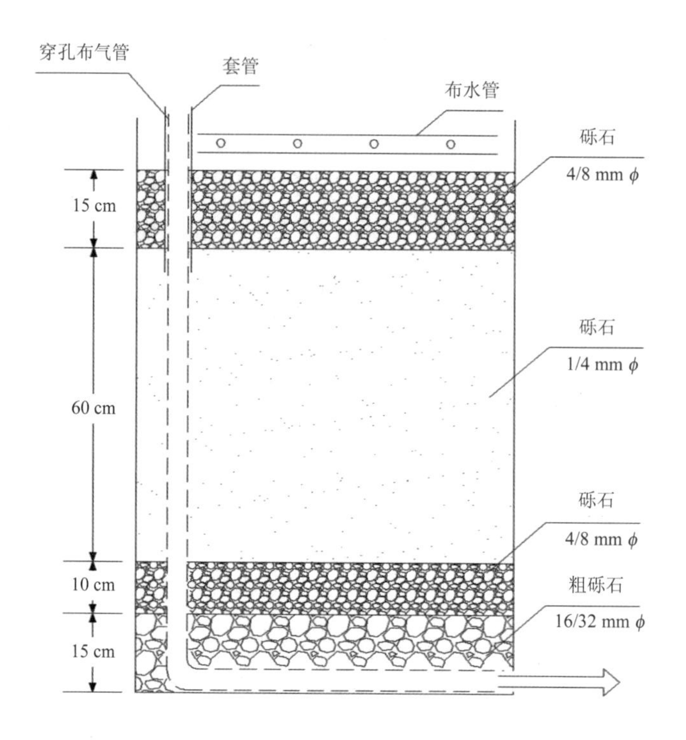

图 3-2 潜流人工湿地构造示意图

防止人工湿地长期运行后出现堵塞是保障其长效稳定运行的关键，因此污水进入人工湿地之前应先经过预处理（沉淀、化粪池、稳定塘、厌氧生物设施等），以降低固体悬浮物和其他大颗粒泥沙和漂浮物等。当污水处理设施可建设用地面积不足时，为降低湿地污染物负荷，宜采用好氧生物设施处理后再进入人工湿地。具体规范详见《人工湿地污水处理工程技术规范》（HJ 2005—2010）、《人工湿地污水处理技术导则》（RISN-TG006—2009）。

3.4.2 适用范围与条件

人工湿地技术适合在资金短缺、土地面积相对丰富的地区应用，主要适合于不受洪水、潮水或内涝的威胁，不影响行洪安全，且冬季多年平均气温在 0℃以上的地区。

建设规模应综合考虑服务区域范围内的污水产生量、分布情况、发展规划及变化趋势等因素，并以近期为主，远期可扩建规模为辅的原则确定；当人工湿地的流量在 100 m^3/d 以上时，人工湿地池不宜少于 2 组。

优点：投资费用少，运行费用低，维护管理简便，水生植物可以美化环境，调节气候，增加生物多样性。

缺点：污染负荷低，占地面积大，设计不当容易堵塞，处理效果易受季节影响，随着运行时间的延长除磷能力逐渐下降。

3.4.3　技术规程

3.4.3.1　人工湿地设计主要内容

人工湿地的设计应包括场地选择、集水、配水系统水力负荷设计、土壤填料结构和布局、布水系统和排水系统设计、植物选择、防渗设计。设计程序如图 3-3 所示。

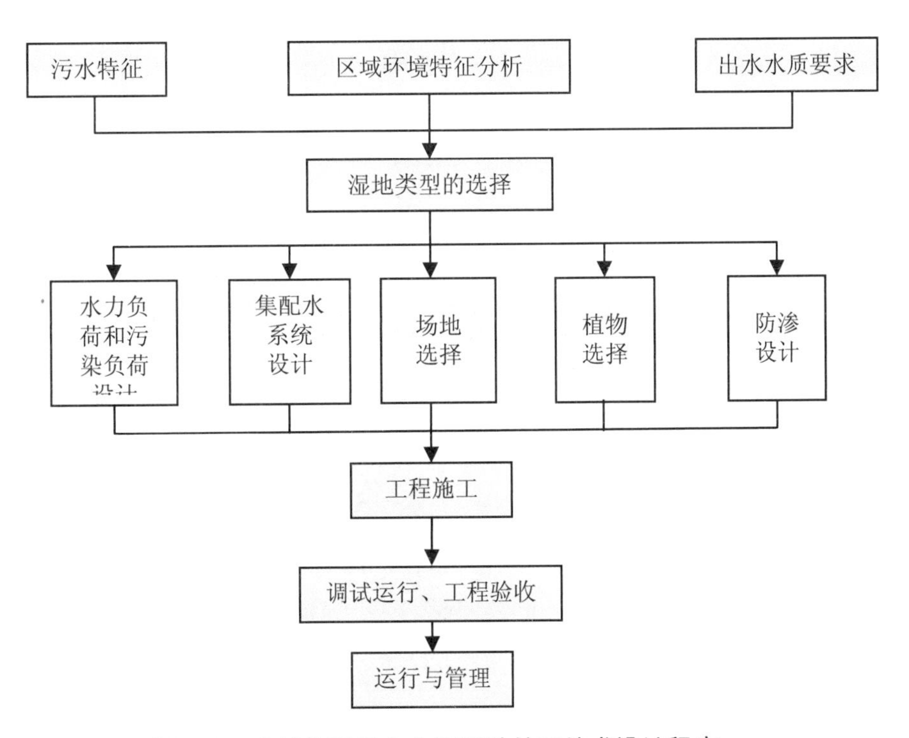

图 3-3　农村生活污水人工湿地处理技术设计程序

3.4.3.2 人工湿地场地选择

人工湿地场地选择要充分利用天然湿地，宜选择自然坡度为0～3%的洼地或塘，以及未利用的土地进行设施建设。

3.4.3.3 水量与进水水质

（1）设计水量

人工湿地设计进水水量必须考虑各种极限情况，如暴雨、洪水、干旱等。同时，人工湿地应具备10%～20%的超负荷能力，污水进入量应可调节。

以污水入流量和出流量的平均流量作为设计水量：

$$Q_{av}=\frac{Q_{in}+Q_{out}}{2}$$

式中，Q_{av}—— 平均流量，m^3/d；

Q_{in}——人工湿地污水入流量，m^3/d；

Q_{out}——人工湿地污水出流量，m^3/d。

（2）设计进水水质

人工湿地系统进水水质要求见表3-6。

表3-6　人工湿地系统进水水质要求　单位：mg/L

人工湿地类型	BOD_5	COD_{Cr}	SS	NH_3-N	TP
表面流人工湿地	≤50	≤125	≤100	≤10	≤3
水平潜流人工湿地	≤80	≤200	≤60	≤25	≤5
垂直潜流人工湿地	≤80	≤200	≤80	≤25	≤5

3.4.3.4 污染负荷设计参数

人工湿地污染负荷见表3-7。

表 3-7　人工湿地污染负荷

参数	表面流人工湿地	水平潜流人工湿地	垂直潜流人工湿地
人口当量表面积/（m^2/人）	≥10	≥5	≥2.5
表面 BOD_5 负荷/［g/（m^2·d）］	≤4.5	≤10	≤20
表面水力负荷/［m^3/（m^2·d）］	—	≤0.04	≤0.08

3.4.3.5　构造设计

（1）主要构造

人工湿地的主要构造设计公式和参数见表 3-8。

表 3-8　人工湿地构造主要设计参数

名称	公式	符号说明
湿地面积（根据污染物去除总量或湿地污染物去除负荷计算）	$A=\frac{Q(C_i-C_0)\times 10}{R}$ （当人工湿地出水无脱氮要求时，按 BOD_5 表面积有机负荷确定湿地面积；当出水有脱氮需求时，按 TN 表面积负荷进行确定）	A—— 湿地面积，m^2； Q—— 流量，m^3/d； C_i—— 进水浓度，mg/L； C_0—— 出水浓度，mg/L； R—— 面积负荷，g/（m^2·d）
水力停留时间 t	$t=\frac{nLWd}{Q}$	t—— 水力停留时间，d； n—— 介质的孔隙度，%； L—— 湿地长度，m； W—— 湿地宽度，m； d—— 浸没水深，m，不同水生植物的 d 值为：芦苇 d 值取 0.6 m，香蒲 d 值取 0.3 m； Q—— 流量，m^3/d
水力坡度 S	$S=\frac{Q}{K_sA_c}$	S—— 水力坡度； A_c—— 与污水流速垂直方向的断面积，m^2； K_s—— 潜流渗透系数

名称	公式	符号说明
池体宽度 W	$Q=K_sA_cS$ $=\frac{K_sWd_h}{L}$ $=\frac{K_sWD_wd_hW}{A_s}$ $W=\sqrt{\frac{A_sQ}{K_sD_wd_h}}$	W——人工湿地池体宽度，m； A_s——人工湿地表面积，m^2； L——人工湿地池体长度，m； A_c——与污水流速垂直方向的断面积，m^2； D_w——水深，m； d_h——水头损失，m； S——水力坡度； Q——流量，m^3/d； K_s——潜流渗透系数
池体长度 L	$L=\frac{A_s}{W}$	L——人工湿地池体长度，m； W——人工湿地池体宽度，m； A_s——人工湿地表面积，m^2
系统深度	湿地处理区出水口处填料表面高程 E_{me} 为： $E_{me}=E_{be}+D_m+D_s$ 湿地进口填料表面高程 E_{mo}： $E_{mo}=E_{me}+L\times S$ 湿地进口底部的高程 E_{bo} 为： $E_{bo}=E_{be}+L\times S$ 整个湿地床的厚度 D 为： $D=D_m+D_s$	E_{be}—— 湿地出口底部高程，m； D_m —— 处理区填料厚度，一般取 0.4～0.7 m； D_s—— 表层填料厚度，一般取 0.1～0.15 m； L—— 湿地长度，m； S—— 处理区底部坡度，一般取 0.005～0.01
水头损失 d_h	$Q=K_sA_cS=K_sWD_wd_h/L$ $d_h=\frac{QL}{K_sWD_w}$	W—— 人工湿地池体宽度，m； L—— 人工湿地池体长度，m； A_c —— 与污水流速垂直方向的断面积，m^2； D_w—— 水深，m； S—— 水力坡度； Q—— 流量，m^3/d； K_s—— 潜流渗透系数

注：人工湿地长宽比 L∶W 宜为 1∶1～4∶1，建议为 3∶1。

（2）填料层设计

孔隙过大不利于植物固定生长。若使用土壤为基质则孔隙过小，容易堵塞，导致坡面漫流。砾石、粗砂是目前应用最为普遍的湿地填料。强化去除磷、氨氮等功能可以考虑矿渣等特殊填料。填料粒径范围宜取 1～10 mm。对于起均匀布水作用的填料，粒径可以取 10～35 mm。

部分人工湿地基质的粒径及其水力传导性见表 3-9。

表 3-9　部分人工湿地基质的粒径及其水力传导性

基质类型	粒径/mm	孔隙率/%	水力传导系数/［m^3/（m^2·d）］
粗砂	2	32	1 000
碎石砂	8	35	5 000
细碎石	16	38	7 500
粗碎石	32	40	10 000
粗盐石	128	45	100 000

①基质选择

潜流人工湿地基质孔隙率宜控制在 35%～40%。达到《城镇污水处理厂污染物排放标准》（GB 18918—2002）规定的一级 B 排放标准，人工湿地基质中钙、铁、铝、镁含量均不能低于 20%。

②基质厚度

水平潜流人工湿地和垂直潜流人工湿地的滤料层厚度应根据湿地的运行方式和滤料层滤料的渗透系数确定，滤料层厚度宜为 1.2～1.4 m。垂直潜流人工湿地填料层各层的填充厚度宜按表 3-10 进行设计。

表 3-10　垂直潜流人工湿地填料层从下而上结构分层及特点

分层	功能	厚度/mm	材料	注意事项
排水层	汇集排出已处理污水	200～350	粒径 8～16 mm 砾石	需洗涤不应带泥
过渡层	防止上层沙砾堵塞下面排水层	100	粒径 4～8 mm 砾石	需洗涤不应带泥
滤料层	核心处理区	1 200～1 400	特殊级配 2～6 mm 无粗泥沙	符合级配曲线范围
覆盖层	防止砂层表面被冲蚀	50（污水喷流范围内局部铺设）	粒径 8～16 mm 砾石	根据喷流距离铺设

3.4.3.6 集配水系统设计

（1）配水系统

人工湿地的配水系统由配水井、配水槽、配水管网、布水管等组成。配水槽采用钢筋混凝土构造，其上设置溢流管和排空管，以便水位过高时有组织地回流到集水池中；配水管、布水管一般采用 PVC-U 管。为保证每支配水管进水流量的均匀性，宜在植物池前设置一级或二级配水槽，再通过配水管网到达布水管，布水管间距不超过 2 m，每支布水管的管长不超过 6 m。

为了系统运行的稳定性，防止堵塞，调节配水量，每支配水管前装设阀门，布水管的直径为 32～45 mm，在管道底部每隔 0.4～0.7 m 设置 5～7 mm 的小洞。

进出水系统的配置：湿地床进水系统的设计应尽量保证配水的均匀性，一般采用多孔管或三角堰等。多孔管可设于床面上或埋于床面以下，埋于床面下的缺点是配水调节较为困难。多孔管设于床面上方时，应比床面高出 0.5 m 左右，以防床面淤泥和杂草积累而影响配水。

同时应定期清理沉淀物和杂草等污物，保证系统配水的均匀性。系统的进水流量可通过控制阀门和闸板调节，过多的流量或紧急情况时应有溢流、分流措施。

（2）进水方式

人工湿地的进水方式目前主要采用推流式、阶梯式、回流式和综合式四种（图 3-4）。

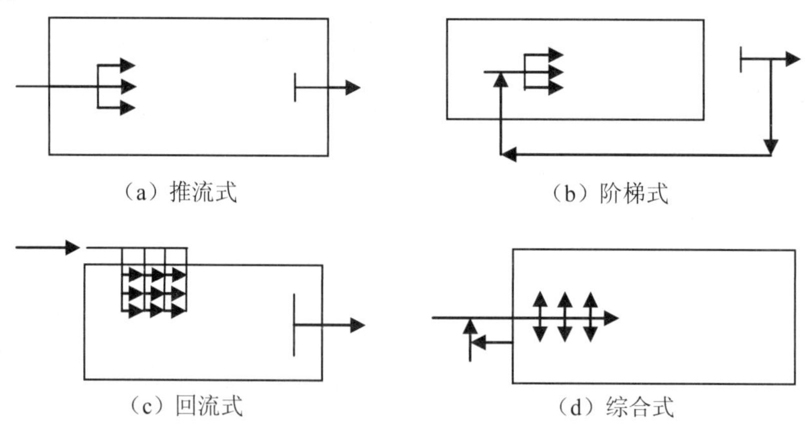

图 3-4 湿地进水方式

推流式进水方式容易造成布水不均匀的现象，导致填料床前端负荷过大；阶梯式进水可以避免处理前部堵塞，使植物长势均匀，有利于后部的硝化脱氮作用；回流式可以应用于农村生活污水人工湿地处理一级达标处理技术中，回流比为 1∶3，从而稀释进水，增加水中的溶解氧，减少出水时可能出现的臭味；采用综合式进水方式时，应设置出水回流，同时将进水分布至填料床的中部，以减轻填料床前端的负荷。

（3）出水收集

出水收集系统由集水池和集水管组成。集水管一般采用 PVC-U 管。

湿地出水系统的设计可采用沟排、管排、并排等方式，合理的设计应考虑受纳水体的特点、湿地系统的布置及场地的原有条件。为有效地控制湿地水位，一般在填料层底部设穿孔集水管，并设置旋转弯头和控制阀门，进、出水管的设置须考虑防冻措施，并在系统的必要部位设置控制阀和放空阀。

（4）水位控制

水位控制和流量调整是影响其处理性能的最重要因素。为使污水在床体内以推流式流动，须控制湿地水位，使湿地进出水端不出现表面流，应在出水管上设闸阀以调节流量。进出水构筑物的设计应便于建造和维护，出水设计应保证池中水位可调，且应在出水处设置放空管。

表面流人工湿地包含开放性水域、漂浮植物和挺水植物。根据当地的规制、土壤条件、护堤、堤坝和衬垫来控制流量和下渗。废水流经湿地时，经过沉降、过滤、氧化、还原、吸附、沉淀过程被处理（图 3-5）。

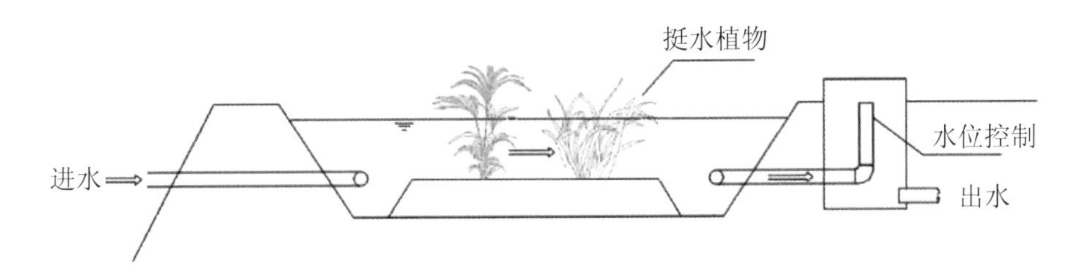

图 3-5　表面流人工湿地构造

水平潜流人工湿地在系统接纳最大设计流量时，湿地进水端不得出现壅水现象和表面流现象。

水平潜流人工湿地通常包括进水管道、黏土或人工合成衬里、过滤介质、挺水植物、护堤和水位控制出口管道。废水保持在填料床表面的下方，在植物的根茎周围流动。在处理过程中废水不暴露在空气中，这使得人类和野生动物接触致病微生物的风险降低（图 3-6）。

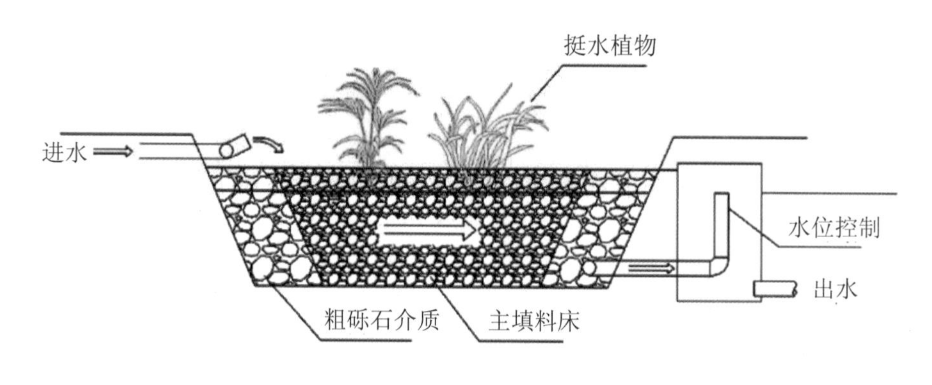

图 3-6　水平潜流人工湿地构造

在系统接纳最小的设计流量时，出水端不得出现填料床面的淹没，以防止出现表面流；为了利于植物的生长，床中水面浸没植物根系的深度应尽量均匀，并尽量使水面坡度与底坡基本一致。

表面流人工湿地水深一般为 20～80 cm，水平潜流人工湿地水位则一般保持在基质表面下方 5～20 cm，并根据待处理的污水水量等情况进行调节。

3.4.3.7　植物设计

（1）湿地植物选择

人工湿地植物的选择应符合下列要求：

①人工湿地宜选用多年生、供氧能力强、耐污能力强、根系发达、去污效果好、具有抗冻及抗病虫害能力、有一定经济价值、容易收割管理的本土植物；

②湿地植物应能耐受变化较大的水位、含盐量、温度和 pH；

③成活率高，种苗易得，繁殖能力强；

④有一定的美化景观效果；

⑤应尽可能增加植物的多样性、提高对污水的处理性能、延长使用寿命，植物种类一般为 3～7 种，其中至少 3 种为优势物种；

⑥人工湿地水生植物以挺水植物为主。

人工湿地植物种类可以根据湿地类型，功能需求，结合景观效果进行选择。潜流人工湿地可选择芦苇、蒲草、荸荠、荷花、水芹、水葱、茭白、香蒲、水生美人蕉、千屈菜、菖蒲、水麦冬、风车草、灯芯草等挺水植物。表面流人工湿地可选择菖蒲、灯芯草等挺水植物；凤眼莲、浮萍、睡莲等浮水植物；伊乐藻、茨藻、金鱼藻、黑藻等沉水植物。人工湿地水生植物的选择见表 3-11。

表 3-11　人工湿地水生植物选择及种植密度

污水处理类型	植物选择	种植密度/（株/m²、芽/m²、丛/m²）
分散型（注重景观效果）	香蒲	20～25
	千屈菜	16～25
	水生美人蕉	9～12
连片型（注重去除效果）	芦苇	16～20
	茭白	9～10
连片型（注重去除效果）	千屈菜	16～25
	荷花	2～3
	菖蒲	20～25
	水葱	8～12

（2）湿地植物种植

人工湿地植物的栽种移植包括根幼苗移植、种子繁殖、收割植物的移植及盆栽移植等，不宜选用苗龄过小的植株。植物宜在每年春季种植。植物种植初期的适宜密度可根据植物种类与工程要求进行调整，挺水植物种植密度宜为 9～25 株/m^2（部分水生植物种植密度可参考表 3-11）。

垂直潜流人工湿地的植物宜种植在渗透系数比较高的基质上。植物种植的质地应为松软黏土-壤土，土壤厚度宜为 20～40 cm，渗透系数宜为 0.006～

0.084 cm/d。应优先选用当地的表层土种植，如当地原土不适宜人工湿地植物生长时，则需要进行置换。植物种植时，应搭建操作架或铺设踏板，严禁直接踩踏人工湿地。

植物种植时，应保持基质湿润，基质表面不得有流动水体；植物生长初期，应保持池内一定水深，逐渐增大污水负荷达到驯化效果。

3.4.3.8 防渗设计

人工湿地的防渗设计应符合下列要求：

（1）建设人工湿地时，若地下水位较低，宜采用素土夯实等基本防渗措施，防止地下水污染。

（2）建设人工湿地时，若地下水位较高，应在底部和侧面进行防渗处理，底部不得低于最高地下水位。

（3）当原有土层渗透系数大于 10^{-8} m/s 时，应构建防渗层，敷设或者加入一些防渗材料以降低原有土层的渗透性。防渗层可采用黏土层、聚乙烯薄膜及其他建筑工程防水材料，可参照《生活垃圾卫生填埋技术规范》（CJJ 17—2004）。

选择防渗层的材料应符合下列要求：

（1）塑料薄膜：薄膜厚度宜大于 1.0 mm，两边衬垫土工布，以降低植物根系和紫外线对薄膜的影响，宜优选 PE 薄膜，敷设时应按有关规定进行；

（2）水泥或合成材料隔板：应按建筑施工要求进行建造；

（3）黏土：如原有土壤含砂量较高、黏土含量较低、透水性好，应敷设两层黏土防渗层，每层厚度宜为 30 cm；如原有土壤含砂量较低、黏土含量较高、透水性较差，可敷设一层黏土防渗层，厚度宜大于 30 cm。亦可将黏土与膨润土相混合制成混合材料，敷设 60 cm 厚的防渗层，以改善原有土层的防渗能力。

对于渗透系数小于 10^{-7} m/s 且厚度大于 60 cm 的土壤，可直接作为人工湿地的防渗层，无须采用其他措施进行防渗处理。工程建设中，应对湿地底部和边坡 60 cm 厚度的土壤进行渗透性测定。

3.5 土壤渗滤

3.5.1 技术概述

土壤渗滤是利用土壤渗滤性能和土壤表面植物处理污水的土地处理工艺类型。污水经过沉淀、厌氧等预处理后，有控制地通过布水分流入各土壤渗滤管中，管中流出的污水均匀地向土壤厌氧滤层渗滤，再通过表面张力作用上升，越过厌氧滤层出口堰后，通过虹吸现象连续地向上层好氧滤层渗透。污水在渗滤过程中一部分被土壤介质截获，一部分被植物吸收，一部分被蒸发，通过土壤-微生物-植物系统的生物氧化、硝化、反硝化、转化、降解、过滤、沉淀、氧化还原等一系列综合作用使污水达到治理利用要求。

土地渗滤根据污水的投配方式及处理过程的不同，可以分为慢速渗滤、快速渗滤、地表漫流和地下渗滤四种类型。应根据当地条件选择合适的渗滤类型。

慢速渗滤系统的设计参数选择：土地渗透系数为0.036～0.36 m/d，地面坡度小于30%，土层厚度大于0.6 m，地下水位埋深大于0.6 m。

快速渗率适用于具有良好渗滤性能的土壤，参数选择：土地渗透系数0.45～0.6 m/d，地面坡度小于15%，以防止污水下渗不足，土层厚度大于1.5 m，地下水位埋深大于1.0 m。

地表漫流适用于土质渗透性差的黏土或亚黏土的地区，地面最佳坡度为2%～8%。污水以喷灌法和漫灌（淹灌）法有控制地分布在地面上以均匀地漫流，流向坡脚的集水渠，地面种植牧草或其他植物，供微生物栖息并防止土壤流失，尾水收集后可回用或排放进入纳污水体。

地下渗滤是将污水投配到距地表一定距离、有良好渗透性的土层中，利用土壤毛细管浸润和渗透作用，使污水向四周扩散。由于地下渗滤系统更适宜农村生活污水治理，本手册重点介绍地下渗滤技术。

污水地下渗滤处理系统种类很多，归结起来可分为 3 种基本类：土壤渗滤沟、土壤毛管渗滤系统、土壤天然净化与人工净化相结合的复合工艺，通常是将浸没生物滤池与土壤毛细管浸润和渗滤相结合的复合工艺。详见《农村生活污染控制技术规范》（HJ 574—2010）。

3.5.2 适用范围与条件

地下渗滤系统主要适用于分散的农村居民点、度假村等小规模污水处理设施，并同绿化相结合。

优点：处理效果较好，投资运行费用低，无能耗，维护管理简便，所有处理装置均位于地下，不影响地表景观，对周围环境的不良影响很小。

缺点：污染负荷低，占地面积大，设计不当容易堵塞，易污染地下水。

3.5.3 技术规程

3.5.3.1 主要内容

设计内容主要包括场地选择、集水、配水系统水力负荷设计、土壤填料结构和布局、布水系统和排水系统设计、植物选择，防渗设计。具体设计程序见图 3-7。

3.5.3.2 场地选择

土壤渗滤系统对场地的土壤条件有一定要求，具体如下：

（1）土壤类型：最好是壤土、砂壤土等；

（2）土层厚度：在 0.6 m 以上；

（3）地面坡度：＜15%；

（4）土壤渗透率：0.15～5.0 cm/h；

（5）地下水埋深：＞1 m。

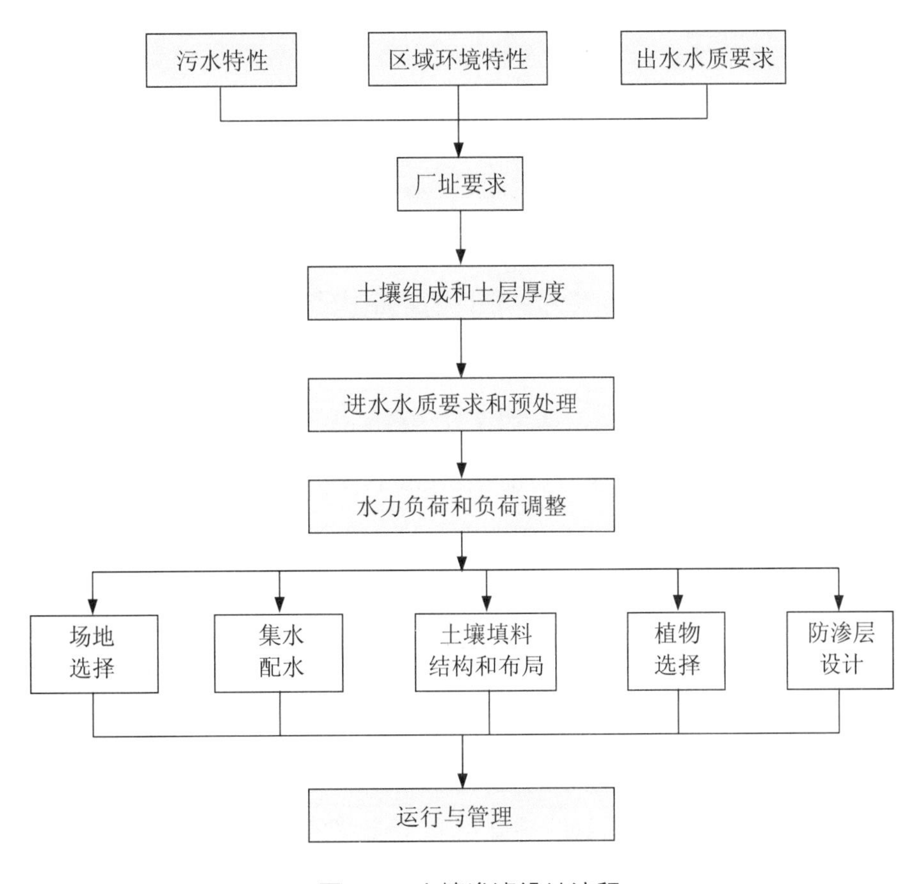

图 3-7　土壤渗滤设计流程

若土壤类型不符合要求，须对土壤进行改良以满足渗滤要求。在回填土前应按设计在池底先铺 15 cm 的砂石层，以粗砂为主（可混入少量绿豆大的碎石），以防止土壤颗粒进入排水管道。

待回填土装完后，对整个池子要灌清水（淹水层厚度 15 cm 左右），让土层在重力作用下自然落实，此操作进行 2～3 次，以防止土层未经压实而在土层中形成局部的短路以影响其处理效果。同时，这种方法也可检验分层回填土、压实等工序的施工质量，淹水压实要求池内土层回落厚度与设计高程相比较，其正负误差不能大于 3 cm。

3.5.3.3 水力负荷设计

（1）水力负荷

水力负荷的大小决定工程的占地面积和处理效果。水力负荷过小，占地面积大；水力负荷过大，污水在系统内停留时间短，影响污染物去除效率。

土壤渗滤系统应以处理污水为主要目的，最大允许污水水力负荷率可用下式计算：

$$L_w = \mathrm{ET} - P_r + P_w$$

式中，L_w—— 最大允许污水水力负荷率，cm/a；

ET—— 土壤水分蒸发损失率，cm/a；

P_w—— 最大允许渗透速率，cm/a，一般取土壤限制性渗透速率的 4%～10%；

P_r—— 降水量，cm/a。

在保证没有土壤堵塞问题发生的前提下，基于 BOD_5、磷和 SS 的负荷率都不会成为水力负荷的限制因素，氮的去除率和负荷率通常是土地渗滤系统的限制设计参数，并决定系统所需的土地面积。基于氮负荷的最大允许污水水力负荷率可用下式较精确地计算：

$$L_w(N) = \left[C_\mathrm{P}(P_r - \mathrm{ET}) + 10U\right] / \left[(1-f)C_\mathrm{N} - C_\mathrm{P}\right]$$

式中，L_w（N）—— 基于氮负荷的最大允许污水水力负荷率，cm/a；

C_P—— 渗滤出的水中磷的浓度，mg/L；

C_N—— 进水的氮浓度，mg/L；

U—— 植物吸收的氮量，kg/（$\mathrm{hm^2 \cdot a}$）；

f—— 投配污水中氮素的损失系数，投配污水为一级处理出水时 f 约为 0.8，二级处理出水时为 0.1～0.2。

根据国内外典型试验研究，地下土壤渗滤系统水力负荷为 20～80 m/a。

（2）水力负荷周期

为提高系统对污水的处理效率，长期保持预期的出水水质和最大渗透速率，采用投配淹水与停水落干交替运行的方式。每完成一个投配淹水与停水落干循环的时间为水力负荷周期。

水力负荷周期的确定须选用适宜的湿干比，即滤床投配淹水的时间和停水落干的时间比，以恢复和维持滤床的水力传导能力、有机物的生物降解能力和脱氮能力，在落干期间土壤可重新复氧，氧化分解被阻滞的固体有机物。根据国内外不同湿干比和配水时间组合试验，确定连续配水时间 8～12 h，湿干比 0.2～0.125，运行周期 2～4.5 d 为最适运行方案。

3.5.3.4　进水水质要求

土壤渗滤系统可以处理各种浓度的生活污水。

从实用工程水质资料表明，土地渗滤系统的进水水质控制的最佳状态是：BOD_5＜200 mg/L，TOC/BOD_5＜0.8。

3.5.3.5　构造设计

（1）面积计算

土壤渗滤床的面积可根据渗透速率、所需处理的污水量而定。其计算式为：

$$A = 100 \times \frac{CQ}{TKI}$$

式中，A —— 实际所需的滤床面积，m^2；

C —— 配水时间，d；

Q —— 预计日处理污水量，m^3/d；

T —— 滤床每天运转时间，min；

K —— 渗滤速率，cm/min；

I —— 水力梯度；

100 —— 换算常数，cm/m。

滤池可采用方形和矩形，提高土地面积的使用率，可在滤池上种植经济作物。

（2）配、集水系统设计

①配水系统。

土壤渗滤池的进水采用自动液位浮球控制进水。为了使污水能够均匀分布，地下渗滤池的进水系统管道宜布置在地表以下 0.2～0.4 m，每根配水管道不宜长于 6 m，配水管道间距应在 1.5～2.0 m。

配水管道应用尼龙网包裹，周围采用厚度为 100～200 mm、直径为 20～30 mm 的砾石形成保护层覆盖，并在下方用不透水的土工布将配水管道与土壤分隔，形成以配水管道为中心向两侧均匀布水，由毛细作用向上层土壤布水。

②集水系统。

经过渗滤处理的出水从池底排出，为使排水顺畅，池底可修成 3%的坡底。集水管分布于渗滤池底部，集水管道应用尼龙网包裹，周围采用厚度为 100～200 mm、直径为 20～30 mm 的砾石形成保护层覆盖，均匀收集滤层的处理水。

（3）填料层设计

对于土壤渗滤系统，土壤条件不适合时，可以采取措施对土壤渗透系数进行调整。

①基质材料选择。

各种粒径级别的土壤颗粒按照一定的重量百分比进行机械组合。向土壤中适当添加介质材料，主要有砂料、草炭等。其中土壤是生物活性的接种剂，砂是保证填料具有通透能力的基本骨架，草炭是启动和维持生物活性的能源和物源。当对土地渗滤系统有相应的脱氮除磷要求时，可向土壤中添加对氮磷有吸附性能的功能性材料。

②填料层结构和厚度设置。

土壤渗滤系统的填料层主要由植物种植土层、人工土层、砂滤层组成，植物种植土层主要为地表植物提供沃土，为植物生长提供环境，植物根系吸收污水中的营养元素，同时为人工土层表层复氧。植物种植土层厚度常为 30 cm。

人工土层是污水处理的核心区，根据处理要求选择单层填制或分层填制。人工土层厚度常为 1.2～1.4 m。砂滤层主要起过滤作用，厚度常为 20 cm。填料层根据处理污水特点、地下水水位、地理地形条件选择填料层的总厚度。

（4）植物设计

土壤渗滤处理池上可种植适宜当地生产的耐水性作物、蔬菜或绿化植物。

（5）防渗设计

为保护地下水不受污染和影响，土地渗滤系统必须设置防渗层。当地下水水位低于土地渗滤系统的最低点时，土地渗滤系统的底部和池壁可考虑采用难以压缩的密实土，系统内由于渗透所导致的水位降落不得大于 2.5 mm/d。当地下水水位高于土地渗滤系统最低点或当地的密实土不能满足要求时，需另行采用衬底材料，包括沥青、混凝土、水泥或其他衬底。在实际工程中通常采用 120 mm 厚的 C25 素混凝土来进行防渗。

3.6　生物接触氧化

3.6.1　技术概述

生物接触氧化是将附着微生物生长的填料全部淹没在污水中，并采用曝气方法向微生物提供氧化作用所需的溶解氧，并起到搅拌和混合作用，使氧气、污水和填料三相充分接触，以使填料上附着生长的微生物有效去除污水中的固体悬浮物、有机物、氨氮、总氮等污染物。生物接触氧化法适用范围较广，好氧生物接触氧化可去除 COD_{Cr}，并将氨氮转化为硝酸盐氮，通过增加缺氧单元反硝化达到氮的去除。

根据污水处理流程，生物接触氧化技术可分为一级接触氧化、二级接触氧化和多级接触氧化。该法是介于活性污泥法与生物滤池之间的生物处理技术，兼具两法的优点，因此在污水治理中得到广泛应用。生物接触氧化池基本结构如图 3-8 所示。

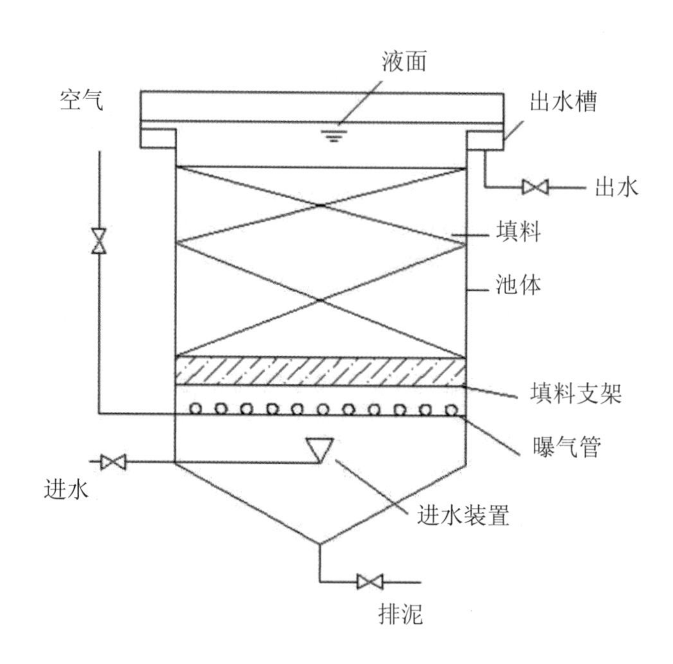

图 3-8　接触氧化池基本结构

生物接触氧化池由池体、填料、填料支架及曝气装置、进出水装置及排泥管道等部件组成。一体化设备好氧区常采用本工艺。根据曝气装置位置的不同，接触氧化池在形式上可分为分流式和直流式，分流式接触氧化池污水先在单独的隔间内充氧后，再缓缓流入装有填料的反应区，直流式接触氧化池是直接在填料底部曝气。按水流特征，又可分为内循环和外循环式，内循环指在填料装填区进行循环，外循环指在填料体内、外形成循环。

3.6.2　适用范围与条件

一般适用于有一定经济承受能力的农村，处理规模为多户或集中式污水处理设施。若是单户或多户污水处理设施，为减少曝气耗电、降低运行成本，宜利用地形高差，通过跌水充氧完全或部分取代曝气充氧。

优点：结构简单，占地面积小；污泥产量少，无污泥膨胀；生物膜内微生物量稳定，生物相菌种丰富，对水质、水量波动的适应性强；操作简单，较活性污泥法的动力消耗少，对污染物去除效果好。

不足：加入生物填料导致建设费用增高；可调控性差；对磷的处理效果较差，对总磷指标要求较高的农村地区应配套建设深度除磷单元。处理过程中需要曝气，相应地增加电费与管理费。

3.6.3　技术规程

3.6.3.1　设计水量和设计水质

（1）设计水质

①污水的设计水质应根据实际测定的调查资料确定，其测定方法和数据处理方法应符合《地表水和污水监测技术规范》（HJ/T 91.1—2019）的规定。无调查资料时，按第 1 章推荐标准设计。

②生物接触氧化池的进水应符合下列条件：

a. 水温宜为 12～37℃、pH 宜为 6.0～9.0、营养组合比（BOD_5∶氨氮∶磷）宜为 100∶5∶1，当氮磷比例小于营养组合比时，应适当补充氮、磷；

b. 去除氨氮时，进水总碱度（以 $CaCO_3$ 计）/氨氮（NH_3-N）的比值不宜小于 7.14，且好氧池（区）剩余碱度宜大于 70 mg/L，不满足时应补充碱度；

c. 脱总氮时，进水的易降解碳源 BOD_5 总氮值不宜小于 4.0，不满足时应补充碳源。

针对农村的特征以及国内外的经验，用于处理村庄污水的生物接触氧化池的负荷宜小于城市污水处理厂，由于村庄污水具有分散性的特点，特别是小规模的处理设施往往不能每天进行专业维护管理。因此，参考日本小型净化槽的设计标准，适当将 BOD_5 负荷降低。BOD_5 的容积负荷可参考表 3-12。

表 3-12　生物接触氧化池 BOD_5 容积负荷参数

处理能力/（m^3/d）		0.1～5	5～20	＞20
好氧池（Ⅰ）/［kg BOD_5/（m^3·d）］		0.15～0.18	0.20～0.22	0.20～0.25
缺氧池+好氧池/［kg BOD_5/（m^3·d）］	好氧池（Ⅱ）	0.10～0.12	0.12～0.15	0.10～0.15
	缺氧池	0.06～0.08	0.10～0.14	0.10～0.15

注：好氧池（Ⅰ）为去除 COD 和 BOD_5 功能的处理方法，有脱氮要求时将好氧池（Ⅱ）与缺氧池联合使用，反应池顺序为缺氧池、好氧池（Ⅱ），并设置硝化液回流装置。

好氧池（Ⅰ）曝气总时间宜为 1.5～3 h，曝气时池中的溶解氧含量宜维持在 2.0～3.5 mg/L。好氧池（Ⅰ）污水的水力停留时间保持在 1～1.5 d。曝气总时间为 1.5～3 h，曝气时池中的溶解氧含量宜维持在 1.0～3.5 mg/L。

需要脱氮时，保证污水在生物处理单元的停留时间大于 24 h，以提高处理设施的处理效果。处理能力为 20 m^3/d 以上的村庄在设计污水处理站时，应考虑运行模式，生物接触氧化池的有效接触时间及曝气量为最低标准。设计和运行时，需要合理布置曝气系统，实现均匀曝气。正常运行时，须观察填料载体上生物膜生长与脱落情况，并通过适当的气量调节防止生物膜的整体大规模脱落。

（2）污染物去除率

生物接触氧化法污水处理工艺的污染物去除率设计值参考表 3-13。

表 3-13　生物接触氧化法污水处理工艺的污染物去除率设计值

污水类别	污染物去除率/%				
	固体悬浮物（SS）	生化需氧量（BOD_5）	化学耗氧量（COD_{Cr}）	氨氮	总氮
生活污水	70～90	80～95	80～90	60～90	50～80

3.6.3.2　工艺设计

（1）一般规定

进水水质、水量变化大的污水处理站，宜设置水质和水量的调节设施。

生物接触氧化法污水处理工艺可选用不同种类的填料，包括：悬挂式填料、悬浮式填料和固定式填料等。在选择填料时，应优先选用高效填料。同时依据污水处理要求来确定生物接触氧化池需要的总生物量和填料附着生物量，并考虑附着生物膜厚度和生物膜活性等对污水处理效果的影响。

（2）前处理、后处理和预处理

①前处理。

生活污水处理工程应设置格栅渠。污水集中处理工程应设置沉砂池。进水悬浮物浓度高于 BOD_5 设计值 1.5 倍时，生活污水处理工程应设置初次沉淀池。格栅渠、沉砂池和初沉淀池（初沉池）的设计应符合《室外排水设计规范》（GB 50014—2006）的规定。

②后处理。

生活污水处理过程应根据处理出水要求设置后处理，普通的后处理单元工艺包括：终沉池、杀菌消毒池及污泥浓缩、脱水工艺。

③预处理。

生物接触氧化池前应设置初沉池等预处理设施，以防止填料堵塞。初沉池可以是单独的沉淀池或一体化设备中的沉淀单元，已建符合要求的化粪池也可作为初沉池。

进水的 BOD_5/COD 小于 0.3 时，宜增加水解酸化法厌氧处理工艺，以改善废水的可生化性。

处理含油量大于 50 mg/ L 的污水时，应增设隔油池、气浮等预处理工艺。

进水水温宜为 12～37℃。水温超出控制范围时，应考虑设置加热系统或设置冷却装置。进水水温较高时，水力停留时间的设计宜取低值；进水水温较低时，水力停留时间的设计宜取高值。

（3）生物接触氧化工艺流程

①基本工艺流程。

生物接触氧化法的基本工艺流程由接触氧化池和沉淀池两部分组成，可根据进水水质和处理效果选用一级接触氧化池或多级接触氧化池（图 3-9、图 3-10）。

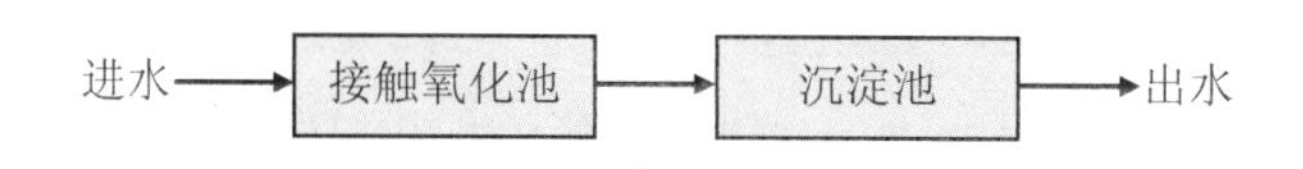

图 3-9　一级接触氧化工艺流程

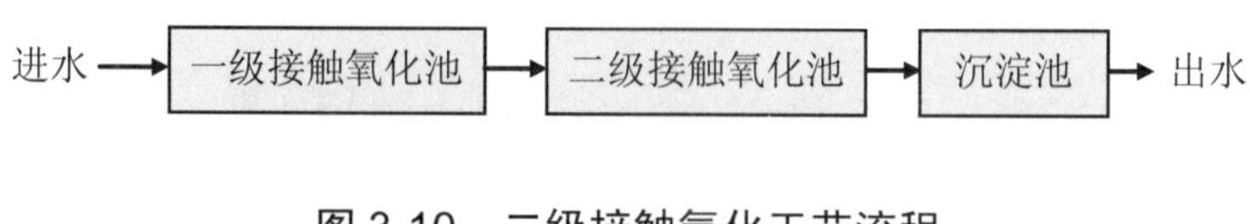

图 3-10　二级接触氧化工艺流程

②组合工艺流程。

生物接触氧化工艺可单独应用，也可与其他污水处理工艺组合应用。单独使用时可用作碳氧化和硝化，脱氮时应在接触氧化池前设置缺氧池，除磷时应组合化学除磷工艺。

以“缺氧接触氧化+好氧接触氧化”为主体工艺的组合流程适宜普通生活污水的除碳和脱氮处理（图 3-11）。

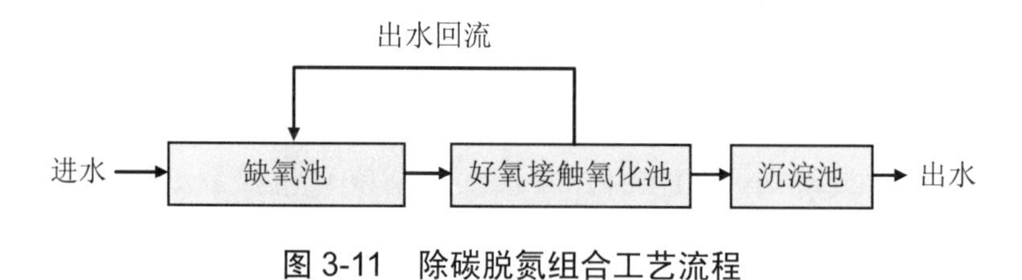

图 3-11　除碳脱氮组合工艺流程

（4）生物接触氧化工艺设计

①池容设计。

生物接触氧化池有效容积可按下式计算：

$$V = \frac{Q \times (S_o - S_e)}{M_c \times \eta \times 1\,000}$$

式中，V——生物接触氧化池的设计容积，m^3；

Q——生物接触氧化池的设计流量，m^3/d；

S_o——生物接触氧化池进水 BOD_5，mg/L；

S_e——生物接触氧化池出水 BOD_5，mg/L；

M_c——生物接触氧化池填料去除有机污染物的 BOD_5 氧量容积负荷，kg BOD_5/（m^3 填料·d）；

η——填料的填充比，%。

脱氮反应的硝化好氧池有效容积可按下式计算：

$$V=\frac{Q\times\left(N_{\mathrm{IKN}}-N_{\mathrm{EKN}}\right)}{M_{\mathrm{N}}\times\eta\times 1\,000}$$

式中，V——硝化好氧池的容积，m^3；

N_{IKN}——硝化好氧池进水凯氏氮，mg/L；

N_{EKN}——硝化好氧池出水凯氏氮，mg/L；

M_N——硝化好氧池的硝化容积负荷，kg TKN/（m^3 填料·d）；

η——填料的填充比，%；

Q——设计流量，m^3/d。

反硝化缺氧池的有效容积可按下式计算：

$$V=\frac{Q\times\left(N_{\mathrm{IN}}-N_{\mathrm{EN}}\right)}{M_{\mathrm{DNL}}\times\eta\times 1\,000}$$

式中，V——反硝化缺氧池的设计容积，m^3；

Q——反硝化缺氧池设计流量，m^3/d；

N_{IN}——反硝化缺氧池进水的硝态氮，mg/L；

N_{EN}——反硝化缺氧池出水的硝态氮，mg/L；

M_{DNL}——反硝化缺氧池的反硝化容积负荷，kg NO_3^--N/（m^3·d）；

η——填料的填充比，%。

同时去除碳源污染物和氨氮时，生物接触氧化池设计池容应分别计算去除碳源污染物的容积负荷和硝化容积负荷。生物接触氧化池的设计池容应取其高值；或将两种计算值之和作为生物接触氧化池的设计池容。

采用水力停留时间对计算得出的池容进行校核计算，计算公式如下所示：

$$V=\frac{Q\times \mathrm{HRT}}{24}$$

式中，V——设计池容，m^3；

Q——设计流量，m^3/d；

HRT——水力停留时间，h。

②工艺参数。

去除碳源污染物处理工程宜按表 3-14 所列的设计参数取值。但水质相差较大时，应通过试验或参照类似工程确定设计参数。

表 3-14 去除碳源污染物主要工艺设计参数（设计水温 20℃）

项目	符号	单位	参数值
BOD_5 填料容积负荷	M_c	kg BOD_5/（m^3 填料·d）	0.5～3.0
悬挂式填料填充率	η	%	50～80
悬浮式填料填充率	η	%	20～50
污泥产率	Y	kg VSS/kg BOD_5	0.2～0.7
水力停留时间	HRT	h	2～6

同时除碳脱氮时，应设置缺氧池和接触氧化池，主要工艺设计参数宜按表 3-15 取值。

表 3-15 脱氮处理时主要工艺设计参数（设计水温 10℃）

项目	符号	单位	参数值
BOD_5 填料容积负荷	M_c	kg BOD_5/（m^3 填料·d）	0.4～2.0
硝化填料容积负荷	M_N	kg TKN/（m^3 填料·d）	0.5～1.0
好氧池悬挂填料填充率	η	%	50～80
好氧池悬浮填料填充率	η	%	20～50
缺氧池悬挂填料填充率	η	%	50～80
缺氧池悬浮填料填充率	η	%	20～50
水力停留时间	HRT	h	4～16
	HRT_{DN}		缺氧段 0.5～3.0
污泥产率	Y	kg VSS/kg BOD_5	0.2～0.6
出水回流比	R	%	100～300

多级接触氧化工艺的第一级生物接触氧化池的水力停留时间应占总水力停留时间的 55%～60%。

③池体设计。

生物接触氧化法池的长宽比宜取 2∶1～1∶1，有效水深宜取 3～6 m，超高不宜小于 0.5 m。

生物接触氧化池采用悬挂式填料时，应由下至上布置曝气区、填料层、稳水层和超高。其中，曝气区高宜采用 1.0～1.5 m，填料层高宜取 2.5～3.6 m，稳水层高宜取 0.4～0.5 m。

生物接触氧化池进水应防止短流，进水端宜设导流槽，其宽度不宜小于 0.8 m。导流槽与生物接触氧化池之间应用导流墙分隔。导流墙下缘至填料底面的距离宜为 0.3～0.5 m，至池底的距离不宜小于 0.4 m。

竖流式生物接触氧化池宜采用堰式出水，过堰负荷宜为 2.0～3.0 L/（s·m）。

生物接触氧化池底部应设置排泥和放空装置。

（5）加药系统

化学药剂储存容量应为理论加药量的 4～7 d 的总投加量。生物接触氧化池进水的 BOD_5/总硝化氮（TKN）小于 4 时，应在缺氧池（区）中投加碳源。

投加碳源量宜按下式计算

$$BOD_5 = 2.86 \times \Delta N \times Q$$

式中，BOD_5 —— 投加的碳源对应的 BOD_5 量，mg/L；

ΔN —— 硝态氮的脱除量，mg/L；

Q —— 设计污水流量，m^3/d。

污水生物除磷不能达到要求时，宜采用化学除磷法。药剂种类、投加量和投加点宜通过试验或参照类似工程确定。化学除磷法的药剂宜采用铝盐、铁盐或石灰。采用铝盐或铁盐时，宜按照铁或铝与污水总磷的摩尔比为 3∶2～3∶1 进行投加。接触铝盐和铁盐等腐蚀性物质的设备和管道应采取防腐措施。

（6）污泥系统

沉淀池表面负荷宜按常规活性污泥法二沉池设计值的 70%～80%取值。污泥量设计应同时考虑剩余活性污泥和化学除磷污泥。去除有机物产生的污泥量宜按去除每千克 BOD_5 产生 0.2～0.4 kg 可挥发悬浮物计算。生物接触氧化池不宜单独设置污泥消化系统。

3.7 A/O 或 A^2/O

3.7.1 技术概述

A/O（Anoxic/Oxic），由缺氧和好氧两部分组成。A^2/O（Anaerobic-Anoxic-Oxic），即厌氧-缺氧-好氧工艺，亦称 A-A-O 工艺，是指通过厌氧区、缺氧区和好氧区的各种组合及不同的污泥回流方式来去除污水中有机污染物和氮磷等污染物的活性污泥污水处理方法。

生物脱氮除磷系统的活性污泥中，菌群主要由硝化菌和反硝化菌、聚磷菌组成。在好氧段，硝化细菌将入流中的氨氮及有机氮经氨化形成的氨氮，通过生物硝化作用，转化成硝酸盐；在缺氧段，反硝化细菌将内回流带入的硝酸盐通过生物反硝化作用，转化成氮气逸入到大气中，从而达到脱氮的目的；在厌氧段，聚磷菌释放磷，并吸收低级脂肪酸等易降解的有机物；而在好氧段，聚磷菌超量吸收磷，并通过剩余污泥的排放，将磷除去。主要变形有改良厌氧-缺氧-好氧活性污泥法、厌氧-缺氧-缺氧-好氧活性污泥法、缺氧-厌氧-缺氧-好氧活性污泥法等。具体规范详见《厌氧-缺氧-好氧活性污泥法污水处理工程技术规范》（HJ 576—2010）。

3.7.2 适用范围与条件

A/O 工艺适用范围：该技术主要适用于没有可利用的土地或者可利用的土地极少且对出水水质要求较高，实现了污水集中收集的地区。另外由于该技术需要定期维护且运行中有能耗，故需要当地居民有一定经济承受能力。适用于较大污水量、进水浓度较高、处理要求高的项目，可用于对污水中有机物、氮和磷的净化处理。地埋式 A/O 系统适用于处理规模 20～200 t/d 的污水处理项目；地上式 A/O 系统适用于处理规模在 200 t/d 以上的污水处理项目。

A^2/O 工艺适用于出水水质要求较高的农村，如风景区旅游村、湖泊河流沿岸农村等。当处理后的污水排入封闭性水体或缓流水体引起富营养化，从而影响给水水源时，优先采用该工艺。基本不受地形、区域的影响。建设规模应综合考虑服务区域范围内的污水产生量、分布情况、发展规划及变化趋势等因素，并以近期为主，远期可扩建规模为辅的原则确定。

优点：工艺变化多且设计方法成熟，设计参数容易获得；可控性强，可根据处理目的的不同灵活选择工艺流程及运行方式，取得满意处理效果。

缺点：构筑物数量多，流程长，运行管理难度大，运行费用高，不适合小水量处理。

3.7.3　技术规程

根据对污水处理要求的不同，工艺设计分为除磷、脱氮和同时脱氮除磷三种，除磷工艺设计包括厌氧池设计和好氧池设计，脱氮工艺设计包括缺氧池设计和好氧池设计，同时脱氮除磷工艺设计包括厌氧池、缺氧池和好氧池设计。除此之外，设计内容还应包括曝气系统和污泥处理系统等。设计程序如图 3-12 所示。

3.7.3.1　场地选择

易于在常规活性污泥系统上改建，为了适应废水排放标准中氨氮的严格要求，在常规活性污泥生物处理设施基础上，改建成具有生物脱氮功能的 A/O 系统，不必增建更多特殊设施与设备。

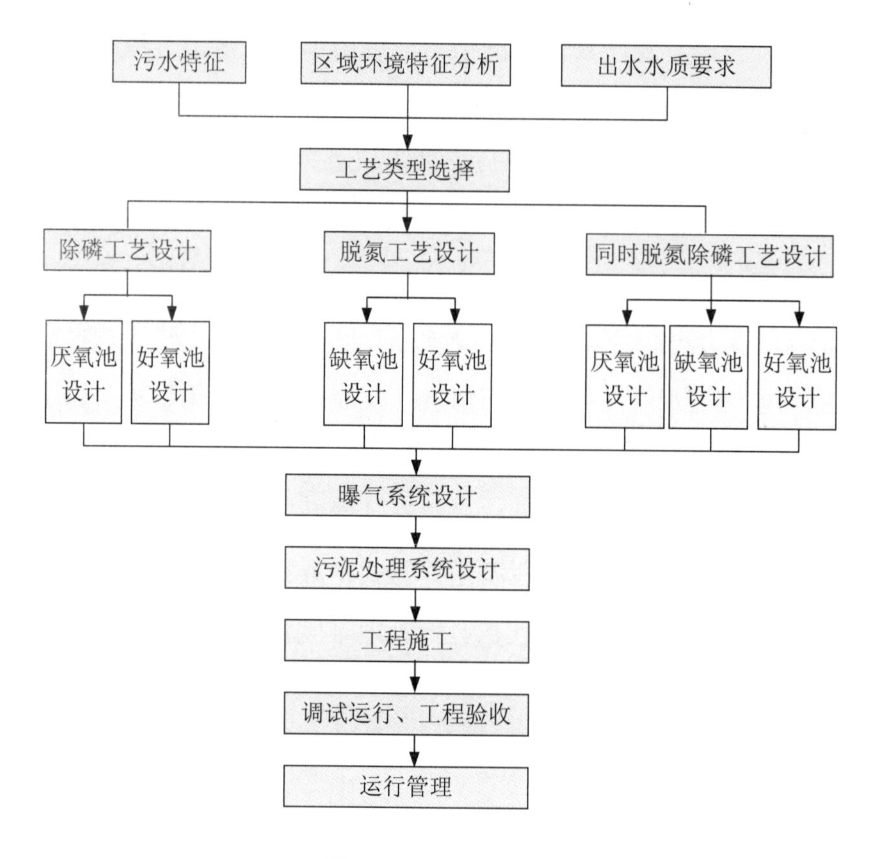

图 3-12 设计程序

3.7.3.2 进水水质要求

（1）进水营养盐配比

根据生化反应要求，C∶N∶P 的比值宜为 100∶5∶1，根据废水具体特点，若碳源、氮源足够，但是 P 源稍不足，为保证良好的出水，可在好氧池前适当投加磷酸盐，也可根据出水情况确定。

（2）进水水温

一般来水，要达到良好的硝化效率，水温要求为 25～30℃；要达到良好的反硝化效率，水温要求为 30～35℃。为保证良好的脱氮率，要求冬天最低水温不得低于 20℃。

（3）溶解氧控制

缺氧池溶解氧控制在 0.2～0.5 mg/L，好氧池溶解氧控制在 3～5 mg/L，调试阶段好氧池要求每天测定溶氧量并进行记录。一般情况风机开启两台，初期水量较少时可开启一台。

（4）污泥沉降比（SV%）及污泥指数（SVI）

为防止污泥膨胀，污泥沉降比要求控制在 50%～60%，使得污泥浓度达到 3 500 mg/L 左右。相应的污泥指数（SVI）控制在 150～200。

污泥龄是指曝气池每天工作着的活性污泥总量与排放后剩余污泥量的比值。一般来说好氧污泥龄为 20～40 d。

好氧池在运行过程中，需要定期对 COD_{Cr}、氨氮、pH、温度、SVI、溶解氧、污泥浓度等进出水水质进行测定，以便对调试方法做出改进。

3.7.3.3　污染负荷去除设计

A/O 工艺污染物去除率（%）：BOD_5 为 90～95，SS 为 90～95，NH_4^+-N 为 85～95，TN 为 60～70。A^2/O 污染物去除率宜按照表 3-16 计算。

表 3-16　A^2/O 污染物去除率

污水类别	主体工艺	污染物去除率/%				
		化学需氧量（COD_{Cr}）	五日生化需氧量（BOD_5）	悬浮物（SS）	氨氮（NH_3-N）	总氮（TN）
生活污水	预处理+A^2/O 反应池+二沉池	70～90	80～95	80～95	80～95	60～85

3.7.3.4　工艺设计

（1）预处理

①进水系统前应设置格栅，污水处理工程还应设置沉砂池；

②生物反应池前宜设置初沉池；

③当进水水质不符合规定的条件或含有影响生化处理的物质时，应根据进水水质采取适当的前处理工艺。

（2）厌氧—好氧工艺设计

①工艺流程。

当以除磷为主时，应采用厌氧—好氧工艺，基本工艺流程如图 3-13 所示。

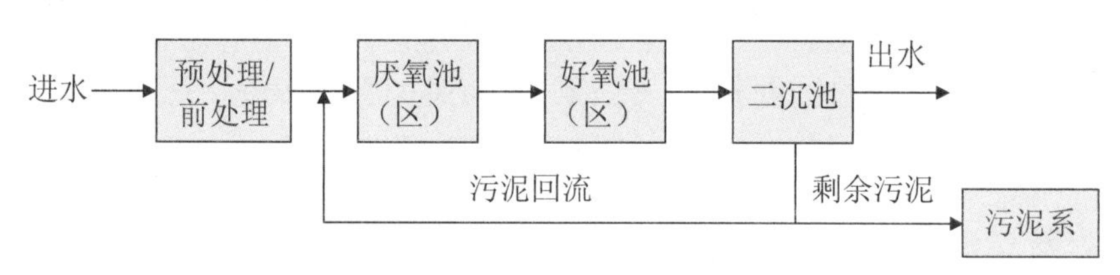

图 3-13　厌氧—好氧工艺流程

②工艺参数。

厌氧—好氧工艺处理生活污水时，主要设计参数宜按表 3-17 的规定取值。水质与生活污水水质相差较大时，设计参数应通过试验或参照类似工程确定。

表 3-17　厌氧—好氧工艺主要设计参数

项目名称		符号	单位	参数值
反应池 BOD_5 污泥负荷	BOD_5/MLVSS	L_s	kg/（kg·d）	0.30～0.60
	BOD_5/MLSS		kg/（kg·d）	0.20～0.40
反应池混合液悬浮固体（MLSS）平均质量浓度		X	g/L	2.0～4.0
反应池混合液挥发性悬浮固体（MLVSS）平均质量浓度		X_v	g/L	1.4～2.8
MLVSS 在 MLSS 中所占比例	设初沉池	y	g/g	0.65～0.75
	不设初沉池		g/g	0.5～0.65
设计污泥泥龄		q_c	d	3～7
污泥产率系数（VSS/BOD_5）	设初沉池	Y	kg/kg	0.3～0.6
	不设初沉池		kg/kg	0.5～0.8
厌氧水力停留时间		t_p	h	1～2
好氧水力停留时间		t_0	h	3～6
总水力停留时间		HRT	h	4～8
污泥回流比		R	%	40～100
需氧量（O_2/BOD_5）		O_2	kg/kg	0.7～1.1
BOD_5 总处理率		h	%	80～95
TP 总处理率		h	%	75～90

（3）缺氧—好氧工艺设计

当以除氮为主时，应采用缺氧—好氧工艺，基本工艺流程如图3-14所示。

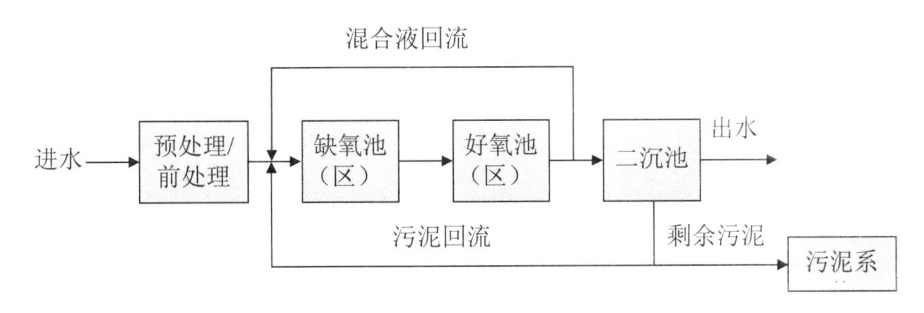

图3-14 缺氧—好氧工艺流程

缺氧—好氧工艺处理生活污水或水质类似生活污水时，主要设计参数宜按表3-18的规定取值。水质与生活污水水质相差较大时，设计参数应通过试验或参照类似工程确定。

表3-18 缺氧—好氧工艺设计参数

项目名称		符号	单位	参数值
反应池 BOD_5 污泥负荷	BOD_5/MLVSS	L_s	kg/（kg·d）	0.07～0.21
	BOD_5/MLSS		kg/（kg·d）	0.05～0.15
反应池混合液悬浮固体（MLSS）平均质量浓度		X	kg/L	2.0～4.5
反应池混合液挥发性悬浮固体（MLVSS）平均质量浓度		X_v	kg/L	1.4～3.2
MLVSS在MLSS中所占比例	设初沉池	y	g/g	0.65～0.75
	不设初沉池		g/g	0.5～0.65
设计污泥泥龄		q_c	d	10～25
污泥产率系数（VSS/BOD_5）	设初沉池	Y	kg/kg	0.3～0.6
	不设初沉池		kg/kg	0.5～0.8
缺氧水力停留时间		t_n	h	2～4
好氧水力停留时间		t_n	h	8～12
总水力停留时间		HRT	h	10～16
污泥回流比		R	%	50～100
混合液回流比		R_i	%	100～400
需氧量（O_2/BOD_5）		O_2	kg/kg	1.1～2.0
BOD_5 总处理率		η	%	90～95
NH_3-N总处理率		η	%	85～95
TN总处理率		η	%	60～85

（4）厌氧—缺氧—好氧工艺设计

需要同时脱氮除磷时，应采用厌氧—缺氧—好氧工艺，基本工艺流程如图 3-15 所示。

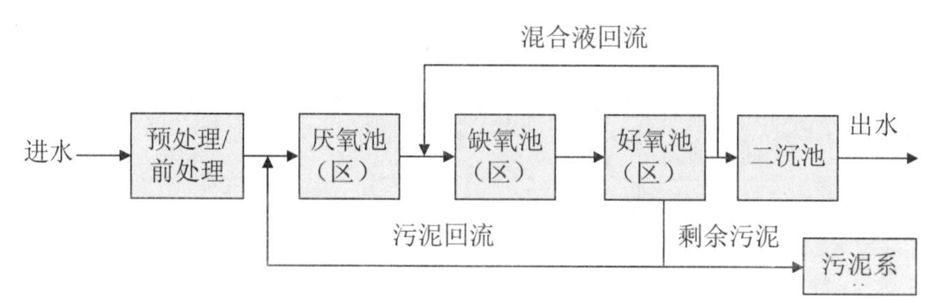

图 3-15 厌氧—缺氧—好氧工艺流程

厌氧—缺氧—好氧工艺处理污水或水质类似的污水时，主要设计参数宜按表 3-19 的规定取值。水质与生活污水水质相差较大时，设计参数应通过试验或参照类似工程确定。

表 3-19 厌氧—缺氧—好氧工艺主要设计参数

项目名称		符号	单位	参数值
反应池 BOD_5 污泥负荷	BOD_5/MLVSS	L_s	kg/（kg·d）	0.07～0.21
	BOD_5/MLSS		kg/（kg·d）	0.05～0.15
反应池混合液悬浮固体（MLSS）平均质量浓度		X	kg/L	2.0～4.5
反应池混合液挥发性悬浮固体（MLVSS）平均质量浓度		X_v	kg/L	1.4～3.2
MLVSS 在 MLSS 中所占比例	设初沉池	y	g/g	0.65～0.7
	不设初沉池		g/g	0.5～0.65
设计污泥泥龄		q_c	d	10～25
污泥产率系数（VSS/BOD_5）	设初沉池	Y	kg/kg	0.3～0.6
	不设初沉池		kg/kg	0.5～0.8
厌氧水力停留时间		t_p	h	1～2
缺氧水力停留时间		t_n	h	2～4
好氧水力停留时间		t_0	h	8～12
总水力停留时间		HRT	h	11～18
污泥回流比		R	%	40～100

项目名称	符号	单位	参数值
混合液回流比	R_i	%	100～400
需氧量（O_2/BOD_5）	O_2	kg/kg	1.1～1.8
BOD_5总处理率	h	%	85～95
NH_3-N总处理率	h	%	80～90
TN总处理率	h	%	55～80
TP总处理率	h	%	60～80

（5）加药系统

①外加碳源。

当进入反应池的BOD_5/总凯氏氮（TKN）小于4时，宜在缺氧池（区）中投加碳源。投加碳源量按式计算：

$$BOD_5 = 2.86 \times \Delta N \times Q$$

式中，BOD_5—— 投加的碳源对应的BOD_5量，g/d；

ΔN—— 硝态氮的脱除量，mg/L；

Q—— 污水设计流量，m^3/d。

碳源储存罐容量应为理论加药量的7～14 d投加量，投加系统不宜少于2套，应采用计量泵投加。

②化学除磷。

当出水总磷不能达到排放标准要求时，宜采用化学除磷作为辅助手段。最佳药剂种类、投加量和投加点宜通过试验或参照类似工程确定。化学药剂储存罐容量应为理论加药量的4～7 d投加量，加药系统不宜少于2套，应采用计量泵投加。接触铝盐和铁盐等腐蚀性物质的设备和管道应采取防腐措施。

（6）回流系统

①回流设施应采用不易产生复氧的离心泵、混流泵、潜水泵等设备；

②回流设施宜分别按生物处理工艺系统中的最大污泥回流比和最大混合液回流比设计；

③回流设备不应少于2台，并应设计备用设备；

④回流设备宜具有调节流量的功能。

3.8 SBR 活性污泥

3.8.1 技术概述

序批式活性污泥法（SBR）是指在同一反应（器）中，按时序进水、反应、沉淀、出水的活性污泥处理技术。其主要变形工艺包括循环式活性污泥工艺（CASS 或 CAST 工艺）、连续和间歇曝气工艺（DAT-IAT 工艺）、交替式内循环活性污泥工艺（AICS）等。具体规范详见《序批式活性污泥法污水处理工程技术规范》（HJ 577—2010）。

3.8.2 适用范围与条件

SBR 技术适用于污水量小、间歇排放、出水水质要求较高的地方，如用地紧张且对脱氮、除磷有要求的农村地区，民俗旅游村、湖泊、河流周边地区等。不但可去除有机物，还具有除磷、脱氮功能。也适用于大部分水资源紧缺、用地紧张的地区。需要脱氮除磷时，进水 BOD_5/TN 的值不宜小于 4.0，BOD_5/TP 的值不宜小于 17，总碱度/氨氮的值不宜小于 3.6，不满足时须补充碳源或碱度。

优点：工艺流程简单，运转灵活，自动化水平高，理想沉淀，基建费用低，能承受较大的水质水量的波动，具有较强的耐冲击负荷的能力。

缺点：间歇进水，间歇出水；设备闲置率高；在实际运行中，废水排放规律与 SBR 间歇进水的要求存在不匹配问题（调节池是农村标准配置），特别是需要连续产水时，需要设置多套反应池并联运行，设备数量多，控制系统复杂。

3.8.3 技术规程

3.8.3.1 设计流量和设计水质

（1）设计流量

综合生活污水量总变化系数应根据当地实际综合生活污水量变化资料确定，没有测定资料时，可按 GB 50014—2006 中的相关规定取值，见表 3-20。

表 3-20　综合生活污水量总变化系数

平均日流量/（L/s）	5	15	40	70	100	200	500	≥1 000
总变化系数	2.3	2.0	1.8	1.7	1.6	1.5	1.4	1.3

在地下水位较高的地区，应考虑入渗地下水量，入渗地下水量宜根据实际测定资料确定。提升泵房、格栅井、沉砂池宜按合流污水设计流量计算。初沉池宜按旱流污水流量设计，并用合流污水设计流量校核，校核的沉淀时间不宜小于 30 min。反应池宜按日平均污水流量设计。反应池前后的水泵、管道等输水设施应按最高日最高时污水流量设计。

（2）设计水质

农村污水的设计水质应根据实际测定的调查资料确定。无调查资料时，可按下列标准折算设计：

①生活污水的 BOD_5 按 25～50 g/（人·d）计算；

②生活污水的固体悬浮物量按 40～65 g/（人·d）计算；

③生活污水的总氮量按 5～11 g/（人·d）计算；

④生活污水的总磷量按 0.7～1.4 g/（人·d）计算。

SBR 进水应符合下列条件：

①水温宜为 12～35℃、pH 宜为 6～9、BOD_5/COD 的值宜不小于 0.3；

②有去除氨氮要求时，进水总碱度（以 $CaCO_3$ 计）/氨氮（NH_3-N）的值宜不

小于 7.14，不满足时应补充碱度；

③有脱氮要求时，进水的 BOD_5/总氮（TN）的值宜不小于 4.0，总碱度（以 $CaCO_3$ 计）/氨氮的值宜不小于 3.6，不满足时应补充碳源或碱度；

④有除磷要求时，进水的 BOD_5/总磷（TP）的值宜不小于 17；

⑤要求同时脱氮除磷时，宜同时满足③和④的要求。

（3）污染物去除率

SBR 污水处理工艺的污染物去除率按照表 3-21 计算。

表 3-21　SBR 污水处理工艺的污染物去除率设计值

污水类别	主体工艺	污染物去除率/%					
		固体悬浮物（SS）	五日生化需氧量（BOD_5）	化学需氧量（COD）	氨氮（NH_3-N）	总氮（TN）	总磷（TP）
生活污水	初次沉淀+SBR*	70～90	80～95	80～90	85～95	60～85	50～85

注：* 应根据水质、SBR 工艺类型等情况，决定是否设置初次沉淀池。

3.8.3.2　工艺设计

（1）一般规定

①SBR 工艺系统出水直接排放时，应符合国家或地方排放标准要求。排入下一级处理单元时，应符合下一级处理单元的进水要求；

②应保证 SBR 反应池兼有时间上的理想推流和空间上的完全混合的特点；

③应保证 SBR 反应池具有静置沉淀功能和良好的泥水分离效果；

④应根据 SBR 工艺运行要求设置检测与控制系统，实现运行管理自动化；

⑤SBR 反应池排水应采用有防止浮渣流出设施；

⑥限制曝气进水的反应池，进水方式宜采用淹没式入流；

⑦水质和（或）水量变化大时，应设置调节池。

（2）预处理

SBR 工艺的预处理宜设集水井、隔渣除油池、沉淀池和调节池。

（3）SBR 工艺设计

①SBR 工艺的运行方式。

SBR 工艺由进水、曝气、沉淀、排水、待机五个工序组成，基本运行方式分为限制曝气进水和非限制曝气进水两种，如图 3-16、图 3-17 所示。

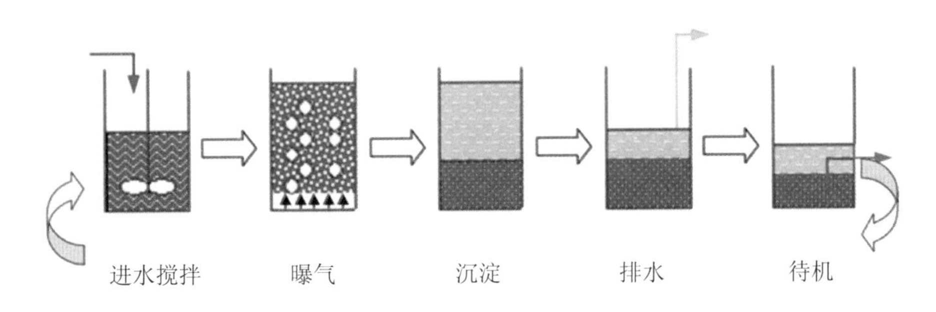

图 3-16　SBR 工艺运行方式——限制曝气进水

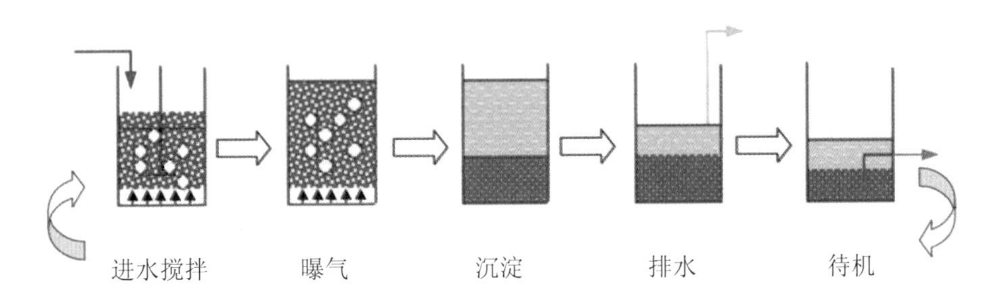

图 3-17　SBR 工艺运行方式——非限制曝气进水

②反应池设计计算。

SBR 反应池容积，可按下式计算：

$$V=\frac{24Q'S_0}{1\,000XL_s t_R}$$

式中，V——反应池有效容积，m^3；

Q'——每个周期进水量，m^3；

S_0——反应池进水 BOD_5，mg/L；

L_s——反应池的 BOD_5 污泥负荷（BOD_5/MLSS），kg/（kg·d）；

X——反应池内混合液悬浮固体（MLSS）平均质量浓度，kg/m^3；

t_R——每个周期反应时间，h。

③工艺参数的取值与计算。

SBR 工艺处理生活污水去除碳源污染物时，主要设计参数宜按表 3-22 的规定取值。水质与生活污水水质差异较大时，设计参数应通过试验或参照类似工程确定。

表 3-22 去除碳源污染物主要设计参数

项目名称		符号	单位	参数值
反应池 BOD_5 污泥负荷	BOD_5/MLVSS	L_s	kg/（kg·d）	0.25～0.50
	BOD_5/MLSS		kg/（kg·d）	0.10～0.25
反应池混合液悬浮固体（MLSS）平均质量浓度		X	kg/m^3	3.0～5.0
反应池混合液挥发性悬浮固体（MLVSS）平均质量浓度		X_v	kg/m^3	1.5～3.0
污泥产率系数（VSS/BOD_5）	设初沉池	Y	kg/kg	0.3
	不设初沉池		kg/kg	0.6～1.0
总水力停留时间		HRT	h	8～20
需氧量（O_2/BOD_5）		O_2	kg/kg	1.1～1.8
活性污泥容积指数		SVI	mL/g	70～100
充水比		m		0.40～0.50
BOD_5 总处理率		h	%	80～95

SBR 工艺处理生活污水去除氨氮污染物时，主要设计参数宜按表 3-23 的规定取值。水质与生活污水水质差异较大时，设计参数应通过试验或参照类似工程确定。

表 3-23 去除氨氮污染物主要设计参数

项目名称		符号	单位	参数值
反应池 BOD_5 污泥负荷	BOD_5/MLVSS	L_s	kg/（kg·d）	0.10～0.30
	BOD_5/MLSS		kg/（kg·d）	0.07～0.20
反应池混合液悬浮固体（MLSS）平均质量浓度		X	kg/m^3	3.0～5.0
污泥产率系数（VSS/BOD_5）	设初沉池	Y	kg/kg	0.4～0.8
	不设初沉池		kg/kg	0.6～1.0

项目名称	符号	单位	参数值
总水力停留时间	HRT	h	10～29
需氧量（O_2/BOD_5）	O_2	kg/kg	1.1～2.0
活性污泥容积指数	SVI	mL/g	70～120
充水比	m		0.30～0.40
BOD_5总处理率	h	%	90～95
NH_3-N总处理率	h	%	85～95

SBR工艺处理生活污水脱氮时，主要设计参数宜按表3-24的规定取值。水质与生活污水水质差异较大时，设计参数应通过试验或参照类似工程确定。

表3-24　生物脱氮主要设计参数

项目名称		符号	单位	参数值
反应池BOD_5污泥负荷	BOD_5/MLVSS	L_s	kg/（kg·d）	0.06～0.20
	BOD_5/MLSS		kg/（kg·d）	0.04～0.13
反应池混合液悬浮固体（MLSS）平均质量浓度		X	kg/m^3	3.0～5.0
总氮负荷率（TN/MLSS）			kg/（kg·d）	≤0.05
污泥产率系数（VSS/BOD_5）	设初沉池	Y	kg/kg	0.3～0.6
	不设初沉池		kg/kg	0.5～0.8
缺氧水力停留时间占反应时间比例			%	20
好氧水力停留时间占反应时间比例			%	80
总水力停留时间		HRT	h	15～30
需氧量（O_2/BOD_5）		O_2	kg/kg	0.7～1.1
活性污泥容积指数		SVI	mL/g	70～140
充水比		m		0.30～0.35
BOD_5总处理率		h	%	90～95
NH_3-N总处理率		h	%	85～95
TN总处理率		h	%	60～85

SBR工艺处理生活污水脱氮除磷时，主要设计参数宜按表3-25的规定取值。水质与生活污水水质差异较大时，设计参数应通过试验或参照类似工程确定。

SBR工艺处理生活污水除磷时，主要设计参数宜按表3-26的规定取值。水质与生活污水水质差异较大时，设计参数应通过试验或参照类似工程确定。

表 3-25　生物脱氮除磷主要设计参数

项目名称		符号	单位	参数值
反应池 BOD_5 污泥负荷	BOD_5/MLVSS	L_s	kg/（kg·d）	0.15～0.25
	BOD_5/MLSS		kg/（kg·d）	0.07～0.15
反应池混合液悬浮固体（MLSS）平均质量浓度		X	kg/m^3	2.5～4.5
总氮负荷率（TN/MLSS）			kg/（kg·d）	≤0.06
污泥产率系数（VSS/BOD_5）	设初沉池	Y	kg/kg	0.3～0.6
	不设初沉池		kg/kg	0.5～0.8
厌氧水力停留时间占反应时间比例			%	5～10
缺氧水力停留时间占反应时间比例			%	10～15
好氧水力停留时间占反应时间比例			%	75～80
总水力停留时间		HRT	h	20～30
污泥回流比（仅适用于 CASS 或 CAST）		R	%	20～100
混合液回流比（仅适用于 CASS 或 CAST）		R_i	%	≥200
需氧量（O_2/BOD_5）		O_2	kg/kg	1.5～2.0
活性污泥容积指数		SVI	mL/g	70～140
充水比		m		0.30～0.35
BOD_5 总处理率		h	%	85～95
TP 总处理率		h	%	50～75
TN 总处理率		h	%	55～80

表 3-26　生物除磷主要设计参数

项目名称	符号	单位	参数值
反应池 BOD_5 污泥负荷（BOD_5/MLSS）	L_s	kg/（kg·d）	0.4～0.7
反应池混合液悬浮固体（MLSS）平均质量浓度	X	kg/m^3	2.0～4.0
反应池污泥产率系数（VSS/BOD_5）	Y	kg/kg	0.4～0.8
厌氧水力停留时间占反应时间比例		%	25～33
好氧水力停留时间占反应时间比例		%	67～75
总水力停留时间	HRT	h	3～8
需氧量（O_2/BOD_5）	O_2	kg/kg	0.7～1.1
活性污泥容积指数	SVI	mL/g	70～140
充水比	m		0.30～0.40
污泥含磷率（TP/VSS）		kg/kg	0.03～0.07
污泥回流比（仅适用于 CASS 或 CAST）		%	40～100
TP 总处理率	h	%	75～85

④加药系统。

污水生物除磷不能达到要求时，可采用化学除磷。药剂种类、剂量和投加点宜通过试验或参照类似工程确定。加药装置的最大加药能力宜按没有生物除磷的情况进行设计核算。化学除磷时，对接触腐蚀性物质的设备和管道应采取防腐措施。硝化碱度不足时，应设置加碱系统，硝化段 pH 宜控制在 8.0～8.4。

（4）SBR 法主要变形工艺设计

循环式活性污泥工艺（CASS 或 CAST）由进水/曝气、沉淀、滗水、闲置/排泥四个基本过程组成，CASS 或 CAST 工艺流程如图 3-18、图 3-19 所示。

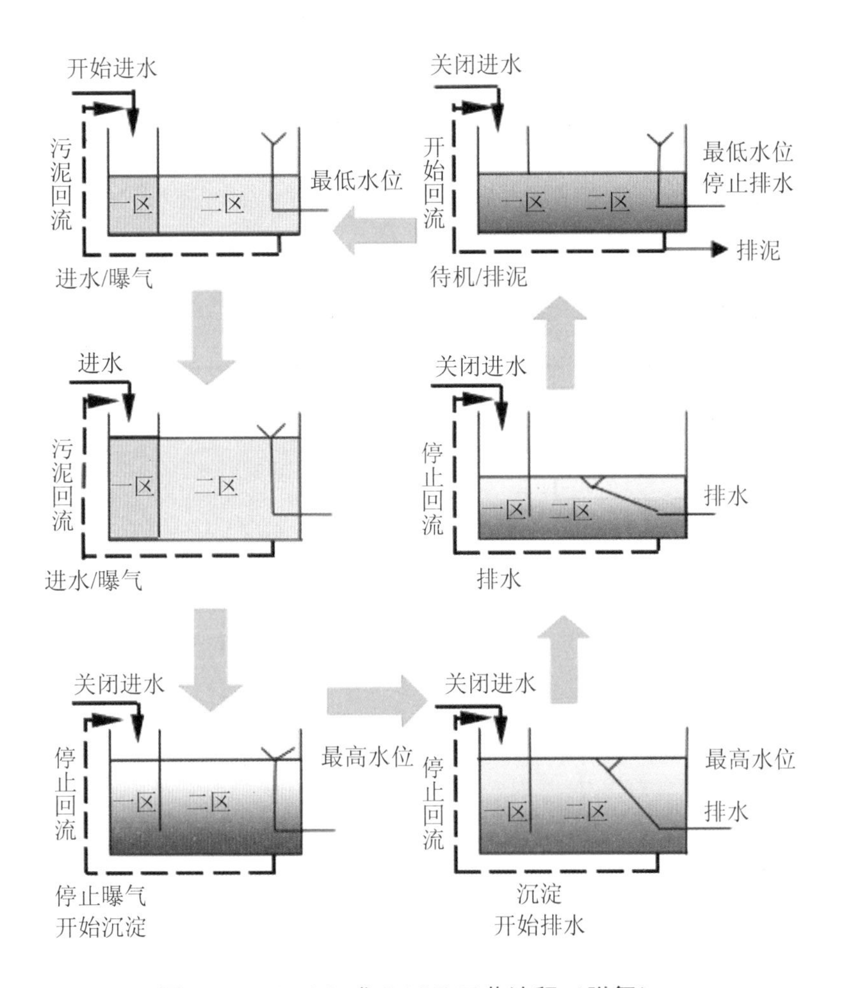

图 3-18　CASS 或 CAST 工艺流程（脱氮）

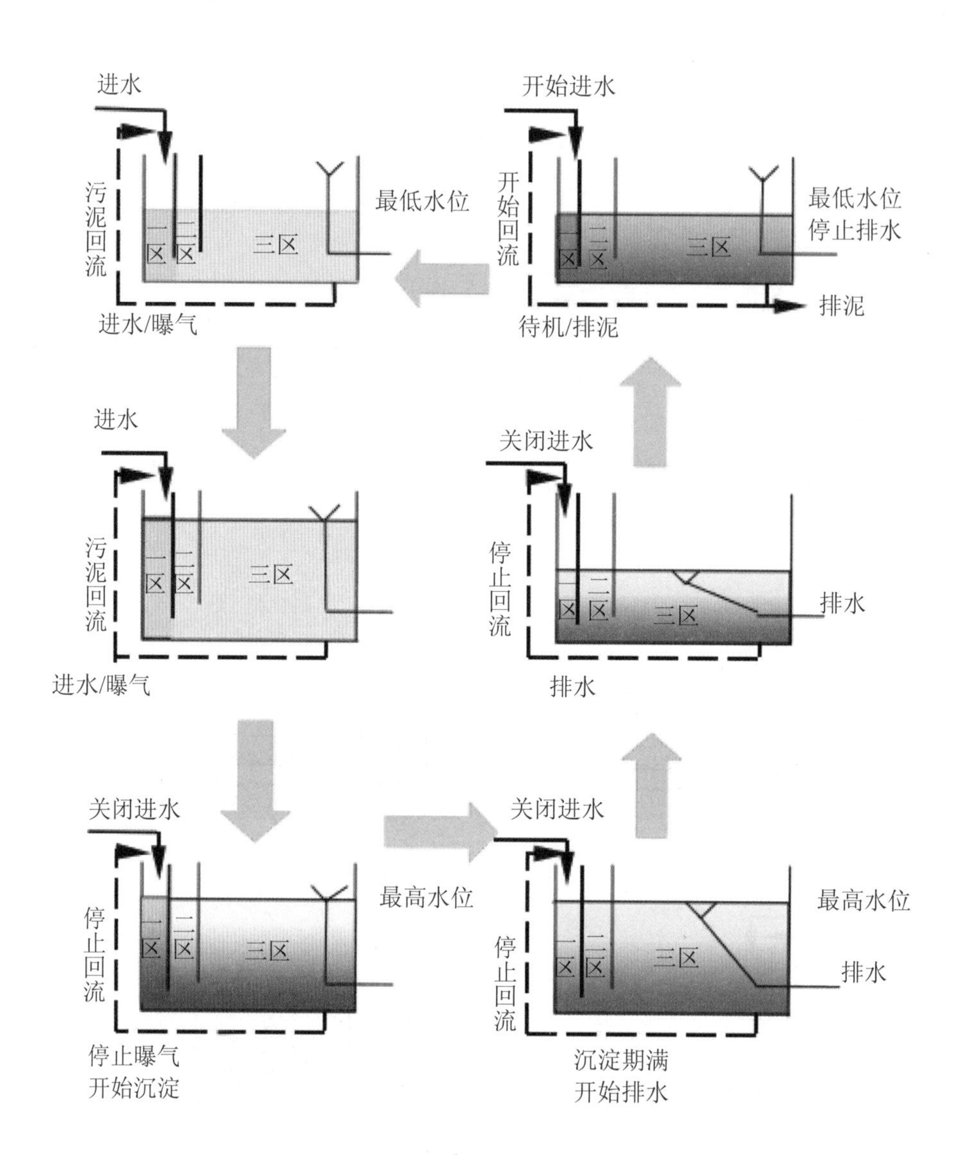

图 3-19　CASS 或 CAST 工艺流程（除磷脱氮）

CASS 或 CAST 仅要求脱氮时，反应池设计应符合下列规定：

①反应池一般分为两个反应区，一区为缺氧生物选择区、二区为好氧区（图 3-18）；

②反应池缺氧区内的溶解氧小于 0.5 mg/L，进行反硝化反应；

③反应池缺氧区的有效容积宜占反应池总有效容积的 20%；

④反应池内好氧区混合液回流至缺氧区，回流比应根据试验确定，不宜小于20%。

CASS 或 CAST 要求除磷脱氮时，反应池设计应符合下列规定：

①反应池一般分为三个反应区，一区为厌氧生物选择区、二区为缺氧区、三区为好氧区（图 3-19），反应池也可以分为两个反应区，一区为缺氧（或厌氧）生物选择区、二区为好氧区；

②反应池缺氧区内的溶解氧小于 0.5 mg/L，进行反硝化反应，其有效容积宜占反应池总有效容积的 20%；

③反应池厌氧生物选择区溶解氧为 0，嗜磷菌释放磷，其有效容积宜占反应池总有效容积的 5%～10%；

④反应池内好氧区混合液回流至厌氧生物选择区，回流比应根据试验确定，不宜小于 20%；

⑤在对反应池内混合液回流系统设计时，应在反应池末端设置回流泵，将主反应区混合液回流至生物选择区；

⑥一个系统内反应池的个数不宜少于 2 个。

3.8.3.3　主要工艺设备

（1）排水设备

排水设备应避免发生短流，避免扰动沉淀后的泥层，同时宜设浮渣阻挡装置。

（2）曝气设备

SBR 工艺选用曝气设备时，应根据设备类型、位于水面下的深度、水温、在污水中氧总转移特性、当地的海拔高度以及生物反应池中溶解氧的预期浓度等因素，将计算的污水需氧量换算为标准状态下污水需氧量，并以此作为设备设计选型的依据。

曝气方式应根据工程规模大小及具体条件选择。恒水位曝气时，鼓风式微孔曝气系统宜选择多池共用鼓风机供气方式，或采用机械表面曝气。变水位曝气时，鼓风式微孔曝气系统宜采用反应池与鼓风机一对一供气方式，或采用潜水式曝气系统。

曝气设备和鼓风机的选择以及鼓风机房的设计参照《室外排水设计规范》（GB 50014—2006）的有关规定执行。单级高速曝气离心鼓风机应符合 HJ/T 278—2006 的规定。罗茨鼓风机应符合 HJ/T 251—2006 的规定。微孔曝气器应符合 HJ/T 252—2006 的规定。机械表面曝气装置应符合 HJ/T 247—2006 的规定。潜水曝气装置应符合 HJ/T 260—2006 的规定（风机房不建议按 GB 50014—2006 设计，推荐村级污水处理鼓风机形式有电磁式、回转式、涡旋式）。

（3）混合搅拌设备

混合搅拌设备应根据缺氧、厌氧等反应条件选用，混合搅拌功率宜采用 2～8 W/m^3（建议 5～10 W）。厌氧和缺氧宜选用潜水式推流搅拌器、间歇曝气搅拌、水力泵循环搅拌等形式，搅拌器性能应符合 HJ/T 279—2006 的要求。

3.9 MBR

3.9.1 技术概述

膜生物反应器（MBR）是将膜分离技术与活性污泥法相结合的一类设施。MBR 是一种利用膜（如微滤、超滤膜）作为分离介质替代常规重力沉淀实现固液分离结合微生物处理的工艺技术获得出水的污水处理设施。

在农村污水处理中，考虑到运行能耗、设备一体化、管理简单化要求，此处论述的 MBR 为浸没式 MBR。

MBR 工艺中膜分离单元可采用一体浸没式布置，也可以采用分体浸没式布置。一体浸没式布置是指好氧区与膜区合并设置，如图 3-20（a）所示。分体式布置是指好氧区与膜区单独设置，如图 3-20（b）所示。

常用的浸没式膜组件有平板膜和中空纤维膜两种。

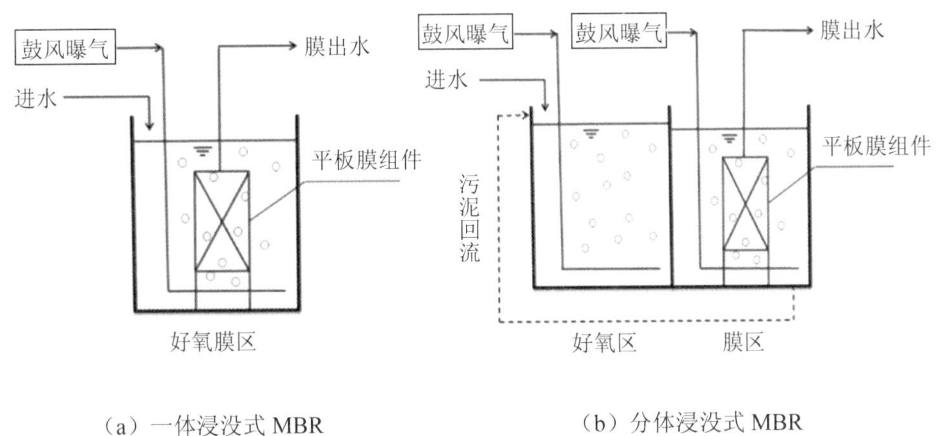

（a）一体浸没式 MBR　　（b）分体浸没式 MBR

图 3-20　浸没式 MBR 构型示意

3.9.2　适用范围与条件

MBR 处理工艺适用于以下情况：

（1）进水水质波动较大；

（2）出水水质要求达到 GB 18918—2002 一级 A 排放标准或更高；

（3）对已有处理设施的扩建或提标；

（4）污水处理装置（设备）占地面积受到限制。

针对 MBR 污水处理系统中水量波动情况，应采取前置调节池措施，减少水量冲击造成的不利影响。

3.9.3　工艺设计

3.9.3.1　膜分离系统

用于农村生活污水处理的膜宜采用微滤膜（孔径为 0.1～0.4 μm）或超滤膜（孔径为 0.02～0.1 μm）。膜的高分子材料宜为聚偏氟乙烯（PVDF）。膜运行通量宜根据膜厂家提供数据选择，设计的平均膜通量取值不宜大于临界通量的 50%。无资料时，可取 15～25 L/（$m^2 \cdot h$），其中，如果选用中空纤维膜组件，产水通量应选低值。高峰时段或清洗时段的膜通量取值不宜大于临界通量的 66%。无资料时，可取 25～30 L/（$m^2 \cdot h$），同样，如果选用中空纤维膜组件，产水通量应选低值。

（1）膜元件数量

膜元件的数量可按下列公式计算：

$$n = \frac{kQ}{S \times F \times H}$$

式中，n ——膜元件数量，片；

k ——膜组件变化系数。宜根据实际进水量波动情况确定。无资料时，一般取 1.0～1.5；

Q ——生物反应池的设计进水量，m^3/d；

S ——每片膜元件的有效面积，m^2/片；

F ——膜通量，m^3/（$m^2 \cdot d$）；

H ——膜累积产水时间，h/d。

（2）膜污染控制需气量

膜污染控制需气量可按下列公式计算：

①按曝气强度计算：

$$G_{SC} = g_{sc} \times s \times n_1 \times 24 \times 60$$

式中，G_{SC}——膜污染控制需气量，m^3/d；

g_{sc}——曝气强度，m^3/（$m^2 \cdot min$），按投影面积计。宜根据膜厂家资料确定，无资料时，平板膜一般取 0.7～1.2，中空纤维膜取 1.0～2.0；

n_1——单层膜组件数量，套；

s ——单个膜组件投影面积，m^2。

②按单片膜需气量计算：

$$G_{SC}=\frac{g\times n}{1\,000}$$

式中，G_{SC}——膜污染控制需气量，m^3/d；

g——单片膜需气量，L/（min·片），宜根据膜厂家资料确定。无资料时，一般单层膜组件取 6～11 L/（min·片），双层膜组件取 3～6 L/（min·片），三层膜组件取 1.5～3 L/（min·片）；

n——膜元件数量，片。

（3）膜组件安装

平板膜的膜组件的布置应充分考虑升、降流区及安装空间。膜组件净间距及距墙距离不宜小于 0.3 m。膜组件的曝气管应位于膜组件底部，距膜底距离宜为 500～600 mm，不应小于 300 mm。膜组件顶部淹没水深不宜小于 0.2 m。膜组件出水可采用水泵抽吸或自流出水的方式。水泵抽吸应采用适当的抽停时间，宜根据膜厂家提供的数据确定。

中空纤维膜组件应尽可能位于膜池廊道的中央，做到平均分布、间距相等，膜组件之间以及膜组件与廊道池壁之间的距离应大于 500 mm。膜组件顶部与最低水面的距离，应大于膜元件短边长度的 50%，且不应小于 500 mm，曝气管与膜元件底部的距离不应小于 200 mm。

（4）配套设备

MBR 系统配套设备应由出水管道、鼓风机、化学清洗设备等组成。膜组件出水管道必须安装压力测试仪表。

3.9.3.2　生化处理工艺

MBR 法根据不同的处理目标，可以采取不同工艺配置，一般分为以下 3 种情况：①当以去除碳源污染物为主要目标时，可采用单一的好氧（O-MBR）工艺；②当以去除碳源污染物及脱氮为主要目标时，可采用缺氧/好氧（A/O-MBR）组合工艺；③当以脱氮除磷为主要目标时，可采用配有化学除磷的厌氧—缺氧—好氧（A/A/O-MBR）或配有化学除磷的缺氧—好氧（A/O-MBR）组合工艺。

（1）好氧区（池）容积

当以去除碳源污染物和脱氮为主要目的时，MBR 反应器中好氧区（池）容积，可按下列公式计算，并同时满足以下条件：

①按化学需氧量容积负荷计算：

$$V_o = \frac{Q\left(\mathrm{COD}_o - \mathrm{COD}_e - \Delta\mathrm{COD}\right)}{1000 L_{\mathrm{VCOD}}}$$

$$\Delta\mathrm{COD} = \frac{2.86 \times \left(N_{\mathrm{ko}} - N_{\mathrm{te}}\right)}{1 - 1.42 \times Y_{\mathrm{COD}} / \left(1 + K_{\mathrm{d}T}\theta_c\right)}$$

式中，V_o——好氧区（池）容积，m^3；

Q ——生物反应池的设计进水量，m^3/d；

COD_o——生物反应池进水化学需氧量，mg/L；

COD_e——生物反应池出水化学需氧量，mg/L；

L_{VCOD}——生物反应池化学需氧量容积负荷，kg COD/（$m^3 \cdot d$）；

$\Delta\mathrm{COD}$ ——缺氧区（池）去除的化学需氧量，mg/L；

N_{ko}——生物反应池的进水凯氏氮浓度，mg/L；无数据时，可采用进水总氮浓度，mg/L；

N_{te}——生物反应池出水总氮浓度，mg/L；

Y_{COD}——污泥产率系数，kg MLVSS/ kg COD；宜根据试验资料确定，无试验资料时，一般取 0.2～0.4；

$K_{\mathrm{d}T}$——T℃时的衰减系数，d^{-1}，温度修正根据 $K_{\mathrm{d}T} = K_{\mathrm{d}20}\left(\theta_T\right)^{T-20}$ 计算，$K_{\mathrm{d}20}$ 为 20℃时的衰减系数，d^{-1}，一般取 0.08～0.20；

θ_T ——温度系数，一般取 1.02～1.06；

T——设计温度，℃；

θ_c ——生物反应池的设计污泥龄，d，一般取 30～60 d，不宜大于 100 d。

②按凯氏氮容积负荷计算：

$$V_o = \frac{Q\left(N_{\mathrm{ko}} - N_{\mathrm{ke}}\right)}{1000 L_{\mathrm{VN}}}$$

式中，V_o——好氧区（池）容积，m^3；

Q ——生物反应池的设计进水量，m^3/d；

N_{ko} ——生物反应池的进水凯氏氮浓度，mg/L；无数据时，可采用进水总氮浓度，mg/L；

N_{ke} ——生物反应池的出水凯氏氮浓度，mg/L；

L_{VN}——生物反应池的凯氏氮容积负荷，kg TKN/（$m^3 \cdot d$），一般取 0.11～0.20。

③按膜组件布置所需最小有效容积计算：

$$V_{\mathrm{om}} = \left[\left(2n-1\right)\times 0.01 + 0.6\right]\times\left(b+0.6\right)\times\left(h_1 + 0.5 + 0.3\right)$$

式中，V_{om} ——膜组件布置所需容积，m^3，应与膜厂家校核；

n ——膜组件数量；

b ——膜组件宽度，m；

h_1 ——膜组件高度，m。

（2）缺氧区（池）容积

按反硝化动力学计算：

$$V_n = \frac{Q\left(N_{\mathrm{ko}} - N_{\mathrm{te}}\right) - 0.12\Delta X_V}{1000 K_{\mathrm{de}} X_{\mathrm{a}}}$$

$$K_{\mathrm{de}(T)} = K_{\mathrm{de}(20)} 1.08^{(T-20)}$$

$$\Delta X_V = Y_{\mathrm{COD}} \frac{Q\left(\mathrm{COD}_o - \mathrm{COD}_e\right)}{1000\left(1 + K_{\mathrm{d}T}\theta_c\right)}$$

$$X_{\mathrm{a}} = X_O \frac{R}{R+1}$$

式中，V_n ——缺氧区（池）容积，m^3；

Q ——生物反应池的设计进水量，m^3/d；

N_{ko} ——生物反应池的进水凯氏氮浓度，mg/L；

N_{te} ——生物反应池出水总氮浓度，mg/L；

ΔX_V——排出生物反应池系统的微生物量，kg MLVSS/d；

K_{de} ——脱氮速率，（kg NO_3-N）/（kg MLSS·d），宜根据试验资料确定。无试验资料时，20℃时的 K_{de} 可采用 0.03～0.06，并进行温度修正；$K_{de(T)}$、$K_{de(20)}$ 分别为 T℃和 20℃时的脱氮速率；

X_a ——缺氧区（池）内混合液悬浮固体平均浓度，kg MLSS·d；

T——设计温度，℃；

Y_{COD} ——污泥产率系数，kg MLVSS/kg COD；宜根据试验资料确定，无试验资料时，一般取 0.2～0.4；

COD_o ——生物反应池进水化学需氧量，mg/L；

COD_e ——生物反应池出水化学需氧量，mg/L；

X_O ——回流污泥浓度，kg/m^3；

R ——混合液回流比，%。

（3）参数选择

膜生物反应器法处理农村生活污水的主要参数可按表 3-27 取值。

表 3-27　膜生物反应器法的主要参数取值

项目	单位	参数范围取值	推荐值
COD 容积负荷	kg COD/（m^2·d）	0.5～1.0	0.75
凯氏氮容积负荷	kg TNK/（m^2·d）	0.14～0.23	0.20
总氮污泥负荷	kg TN/（kg MLSS·d）	≤0.05	≤0.05
MBR 池污泥浓度 X	g MLSS/L	6～12	中空纤维膜应为 6～8，平板膜宜为 8～10

3.10　污水一体化处理装置

3.10.1　技术概述

小型一体化设备是近年来新兴的污水处理技术装备。一般是由较为成熟的生化处理技术组合而成，处理工艺主要是厌氧工艺、A/O 工艺、MBR 工艺、多级 A/O 工艺等。此类设备具有装置结构紧凑、占地面积小、抗冲击负荷能力强、出水水质稳定、操作简单等优点，适合用于处理中小水量、水质波动小的生活污水。

3.10.2　适用范围与条件

一体化污水处理设备适用于住宅小区、村镇、办公楼、宾馆、饭店、疗养院、机关、旅游景区等生活污水和与之类似的屠宰、水产品加工、食品等中小型规模工业有机废水的处理和回用。

对于水质要求较高时，可将小型污水处理装置的出水采用自然生物技术进行进一步处理，最终出水可满足更高的排放标准要求。

3.10.3　技术规程

3.10.3.1　预处理

化粪池和沼气池具有良好的沉淀、厌氧消化功能，若有已建成的相关设施可以作为预沉淀处理单元，已建池体的结构应满足防水防渗要求；调节池具有水质调节、预沉淀和厌氧消化功能，在无化粪池和沼气池设施的情况下应设置在一体化设施内。对于地埋式设施要执行防水、防腐、防渗漏和满足结构安全等要求的规定。

3.10.3.2　材质

一体化小型设施池壁可采用玻璃钢、增强型复合材料等材质，但应达到表3-28的要求。一体化污水处理设备可选择碳钢、玻璃钢、不锈钢、增强型复合材料作为设备的外壳。每种材料都有自己的特性和优劣。

表3-28　净化装置主体材料厚度

材质	净化装置主体材料厚度/mm
玻璃钢	≥3.5
塑料	≥5
不锈钢	≥3.5
碳钢	≥3.5

注：净化装置主体材料厚度除满足表3-28要求外，还应满足净化装置强度要求，必要时可以加筋增强净化装置主体强度。

（1）碳钢材质的污水处理设备造价相对便宜，设备的硬度较大，不宜变形，然而碳钢设备的耐腐蚀性较差，在不做防腐处理的情况下3～5年就可能损坏。即便涂上防腐保护层也很难保证设备长久使用。设备重量一般较重，运输不便。

（2）玻璃钢污水处理设备采用树脂和玻璃纤维布加工制作而成，耐酸、耐碱、质轻而硬，不导电，可根据产品的形状、技术要求、用途及数量来灵活地选择成型工艺。抗老化性等优良特性、使用寿命长达30年以上。是农村污水处理项目的主流选择，也被广泛用于农家乐、景区、服务区或分散生活污水处理。

（3）不锈钢污水处理设备的亮点是耐腐蚀耐生锈，且焊接性良好。不锈钢的缺点也很明显，价格比较昂贵。价格随着钢板的厚度增加而递增。过薄的钢板容易变形。材料的选择需要根据污水水质及排放量及项目预算来确定。

表 3-29　一体化设施池壁材料的主要技术参数

基本参数	数值
壁厚/mm	3.5～10
基体材料的拉伸强度/MPa	≥90
基体材料的弯曲强度/MPa	≥135
基体材料的缺口冲击/（kJ/m^2）	≥35
密封渗漏性	满水负荷，72 h 无渗漏
耐酸性	pH 5 溶液中保持 72 h，试样无软化、起泡、开裂、溶出现象
耐碱性	pH 8 溶液中保持 72 h，试样无软化、起泡、开裂、溶出现象
耐温性	可在−20～60℃温度条件下正常使用

第 4 章　农村生活污水收集系统与治理模式

农村生活污水处理设施包括污水收集管道、预处理设施和终端处理设施。根据村庄布局、人口规模、经济水平、气象水文和地形地势等特点，选择适宜当地的污水收集和处理模式，系统规划农村生活污水治理系统，科学布局污水收集管道和处理设施。以往农村生活污水治理主要划分为集中与分散两种方式，未能充分考虑将资源利用与末端处理、生态、工程措施相适应的选择。本《手册》根据出水去向和排放标准，同时兼顾不同地区经济水平的差异，对不同条件下污水治理的技术选择和基本流程进行指导。将农村生活污水治理划分为简单、常规和高级三种模式，其中，污水收集方式分为非重力收集方式和重力收集方式。

4.1　布局和选址

农村生活污水处理设施的布局应符合国家有关规定和当地规划要求。按照县域总体规划、城镇污水处理设施建设规划、城镇总体规划、村庄规划、乡村旅游规划、中小流域治理规划和水功能区划等要求，确定布局选址。

污水收集管道应利用原有地势高差，优先考虑重力自流，尽量减少动力成本。尽量不拆迁，少占地，沿现状道路敷设。当由于地势等条件限制不得不采用正压或负压时，应优先考虑节能环保。选择集中处理模式的，要进行污水管网的定线。

农村生活污水处理终端和排放口的选址应远离水源保护区、自然保护区的核心区和缓冲区等环境敏感区；应选择在居住区的下游和夏季主导风向的下方；宜选择交通、运输及供水供电较方便，有可用地且少拆迁处，按规划期规模控制，节约用地；不宜靠近民房、学校及医院等敏感建筑；应考虑地理位置、自然水位，不宜设置在低洼易涝区，位于地震、湿陷性黄土、膨胀土、多年冻土及其他特殊地区的污水处理设施建设应符合国家现行相关标准的规定，通过适当选址或采取措施满足设施的防洪、防灾等方面的要求。其他要求参照 GB 50014 有关规定执行。

4.2 农村生活污水收集系统

污水收集系统包括农村污水、雨水收集系统。收集系统是收集和输送污水的设施，把污水从产生处收集、输送至污水处理厂或出水口，包括收集设备、检查井、管渠、泵站等工程设施。污水处理系统是处理和处置废水的设施，包括污水处理厂（站）中的各种处理构筑物等。

农村收集系统采用分流制、合流制或其他收集方式，即将生活污水、生产废水和雨水分别由两个或两个以上的各自独立的管渠系统排出。分流制是指用管道分别收集雨水和污水，各自单独成为一个系统，污水管道系统专门收集和输送生活污水。合流制是指单一管渠收集和输送污水、雨水和生产污水。要根据污水性质、污染程度、乡村建设标准，结合总体规划、排水体制和当地环保部门的要求确定收集方式，对采用了水冲厕所的农村，一般宜采用分流制收集，用管道排除污水；雨水可采用明渠收集排放。

收集系统方式分为重力收集、正压收集和负压收集等。村民住户内的生活排水系统方式一般采用重力收集方式，当无条件重力收集时，或经技术经济论证可行时，可采用正压收集或负压收集方式。重力收集、正压收集、负压收集及雨水排水，必须分别设置独立的系统。

农村污水收集管网与污水处理厂（站）必须同步规划设计、同步建设、同步建成投入使用。

4.2.1 农户庭院收水

使用旱厕的农户，庭院土地较多，排水主要为厨房排水和院落洗漱排水，典型的污水排放系统如图 4-1 所示。

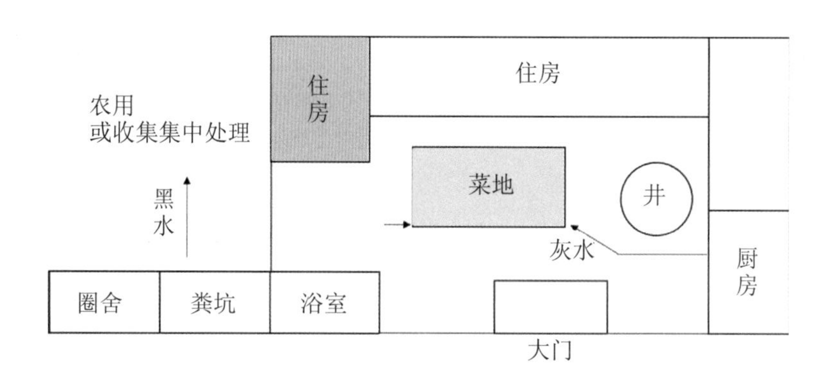

图 4-1 使用旱厕的农户院落排水系统

采用了水冲厕所的农户，庭院地面硬化，室内卫生设施较齐全，厕所排水需经化粪池处理后排入收集管道。化粪池可单户设置，也可相邻住户集中设置，典型的庭院生活污水排水系统宜采用图 4-2 和图 4-3 所示方式。

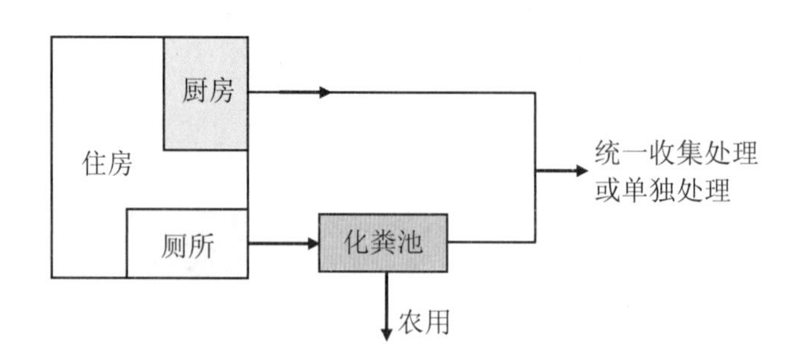

图 4-2 农户水冲厕所建在室内的生活污水排水系统

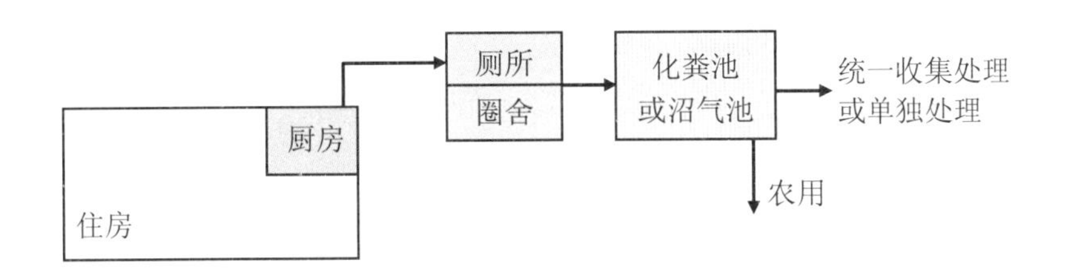

图 4-3　农户水冲厕所建在室外的生活污水排水系统

化粪池或沼气池的污水可作为农肥使用，当不作为农肥使用时，宜接污水设施或纳入村落管网处理后排放。

农户厨房用水目前一般排向房屋外周边的明沟，宜用管道收集排入化粪池；当建有洗衣设施时，洗衣污水宜纳入排水系统。

农户厕所污水到化粪池前的排水管径宜在 110 mm 以上，厨房排水管宜在 75 mm 以上，并应在入水口设置格网，在转弯处设置检查清扫口。

目前建筑内广泛使用的排水管道是硬聚氯乙烯塑料管，室外庭院生活污水排水管也可采用硬聚氯乙烯塑料管、混凝土浇注的明渠或其他管材的管道。

针对于采用负压污水收集的农户，卫生设备较齐全，可经负压收集箱统一收集；若无齐全设备，可安装负压设备，如负压马桶、负压化粪井等。典型的庭院生活污水负压排水系统宜采用图 4-4 所示方式。

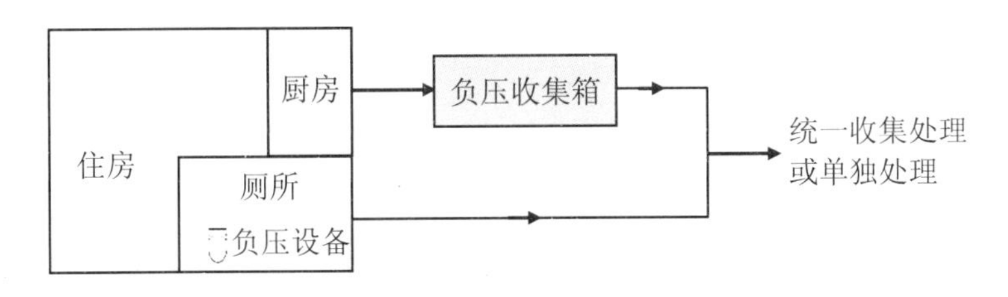

图 4-4　农户厕所安装负压设备生活污水负压排水系统

4.2.2　村落收水

村落排水工程要服从总体规划。村落总体规划中的规模、设计年限、功能分区布局、人口的发展、水量、水质资料等是排水工程规划的主要依据。村落排水系统应全面规划、立足当前、按近期设计、同时考虑远期发展变化。村落远期发展是扩大还是缩小，若扩大，管道布设宜留有余地并考虑扩建的可能。

村落排水系统在农户收集的基础上，可将多户污水集中收集至村污水处理站集中处理。农户冲厕排水经化粪池后可与厨余污水混合收集。村落排水管渠应根据村落的格局、地形情况等因素布设，在便于统一收集的村落，污水收集宜采用分流制，通过管道或暗渠收集处理后排放，并应尽量考虑自流排水。

村落污水收集系统常用收集方式如图 4-5、图 4-6 所示。农户污水可由单户修建化粪池处理后再收集，也可先收集后再经过化粪池处理。

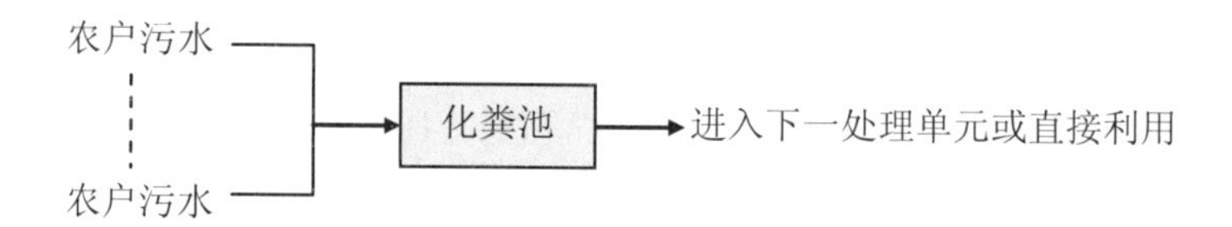

图 4-5　多户污水统一预处理工艺流程

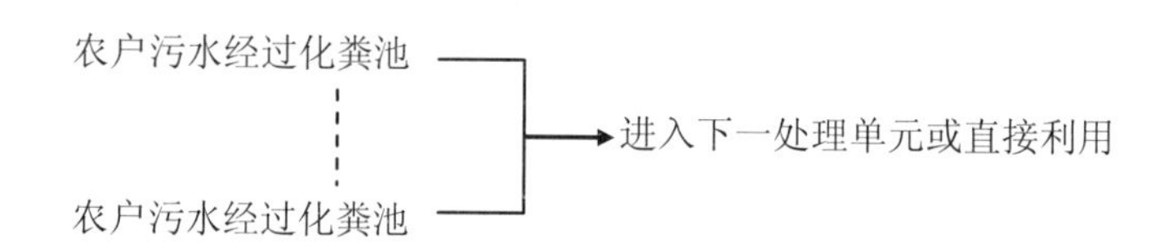

图 4-6　多户污水独立预处理工艺流程

4.2.3　收集原则和模式

4.2.3.1　收集原则

（1）坚持因地制宜，集中与分散处理相结合，科学规划污水收集系统。对农村布局分散、被自然河道或山体分割成几部分的地区，应按照经济合理的原则，选择适度分散的方式。

（2）污水管渠系统应根据农村的自然地势，以重力流为主，应避免或减少设置中途提升泵。确有必要设污水提升泵站时，正、负压泵站土建宜按远期规模设计建设，水泵机组可按近期规模配置。小型污水泵站可采用一体化泵站。集水池可利用自然坑塘。

（3）污水收集管渠的布置。对于长期形成的自然村庄应依地形地貌进行管渠的布置，尽量利用村庄的边沟、自然沟渠以及管道相结合的方式进行敷设。对新规划建设新农村居住区应结合基础设施建设进行排水管网规划。

（4）污水管网的主干管（输送管线）、干管（收集管线）、支管和接户管应同步建设，高度重视支管与接户管，确保污水处理厂进水的水质和水量。

4.2.3.2　收集方式

对生活污水和雨水所采取的收集方式一般可分为分流制和合流制两种。村庄排水体制原则上新建治污项目应采用分流制；已经采用合流制的村庄，应按照乡镇排水规划的要求，实施雨污分流改造；暂时不具备雨污分流条件的地区，近阶段应采用截流式合流制，采取截流、调蓄和处理相结合的方法，提高截流倍数，加强降雨初期的污染防治。

采用截流式合流制排水系统，应在进入处理设施前的主干管上设置截流井或其他截流措施，晴天的污水和下雨初期的雨污混合水输送到污水处理设施处理后排放，混合污水超过截流管输水能力后溢流排入水体。

（1）分流制

设置单独的污水收集管网，雨水通过沟渠、管道或地表径流等就近排入水体，如图 4-7 所示。

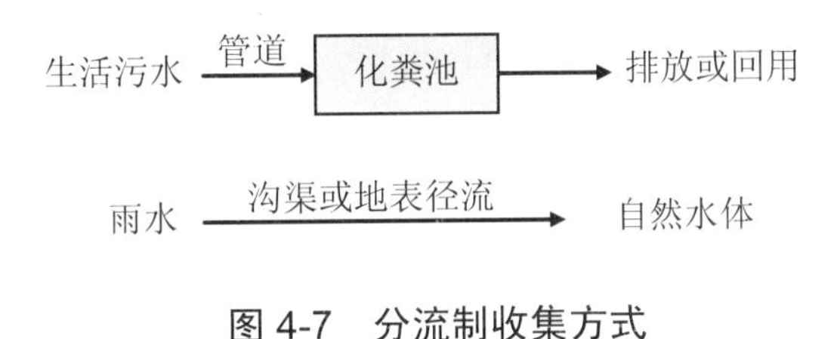

图 4-7　分流制收集方式

（2）合流制

用同一管渠收纳生活污水和雨水的排水方式。直流式是将管渠系统就近向受纳水体敷设，混合的污水未经处理直接流入水体。截流式是将混合污水一起排向截流干管，晴天时，污水全部送到污水处理系统，雨天时，混合水量超过一定数量，其超出部分通过溢流排入水体，如图 4-8 所示。

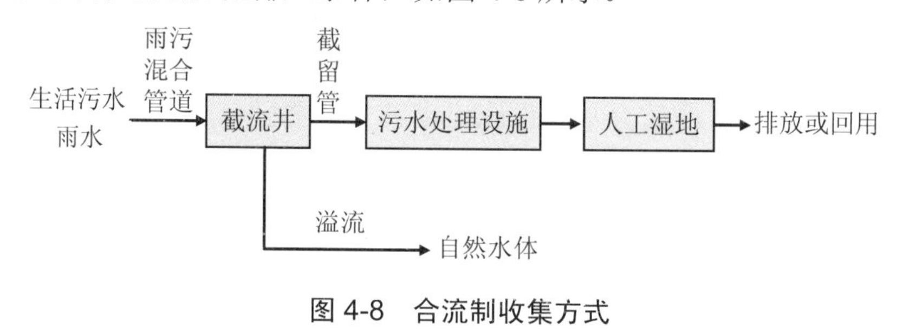

图 4-8　合流制收集方式

4.2.3.3　收集模式

根据农村不同的地理位置、居民集中程度、地形地貌状况，推荐采用以下三种模式对农村污水进行收集处理。具体如表 4-1 所示：

表 4-1　农村污水收集模式表

收集模式	适用范围
纳管模式	适用于与城市相距 3 km 左右、人口集中、地理和施工条件都满足输送污水至城市污水处理厂的农村地区
集中收集模式	村与村距离小于 5 km
分散收集模式	村与村距离大于 5 km

（1）纳管模式

该模式是在农村敷设污水管网，将各住户排放的生活污水收集并输送至邻近的城市污水管网（或污水处理厂）。

这种模式只需建设农村生活污水收集系统和输送系统，项目建成后的日常工作主要是对污水管网进行维护，没有污水处理厂的运行管理要求，具有总投资省、工期短、见效快、维护管理技术要求低等特点，适用于与城市相距 3 km 左右、人口集中、地理和施工条件都满足输送污水至城市污水处理厂的农村地区。

（2）集中收集模式

该模式是在农村地区敷设污水管道或污水暗渠，将各住户排放的生活污水收集，在农村规划区范围内选址建设集中的污水处理设施或输送至邻近的污水管网。

该模式适用于居住区相对集中的农村地区。适用于相对集中居住的单个自然村或相邻的几个自然村的生活污水收集。村庄污水的集中收集与处理系统应因地制宜，灵活布置，审慎决策。应根据本地区自然地理情况，尽可能减少管网长度，以节省管网建设资金和减少管网维护工作量。

污水的收集应符合《村庄整治技术规范》（GB 50445—2008）、《镇（乡）村排水工程技术规程》（CJJ 124—2008）等相关规定。

（3）分散收集模式

这种模式是按地势、地形特点将农村居民分为几个片区，各片区内敷设污水管道或污水暗渠，用以收集居民排放的生活污水，分别就近建设污水处理设施。

该模式要建设污水收集系统和数座污水处理设施。分片区进行污水收集，各片区的污水主干管长度较短，埋深较浅，管网工程造价相对较低。但污水处理设施数量增加，运行管理的技术要求和成本相对增加，适用于居住片区相对分散、地形复杂的农村地区。适用于偏僻的单户或相邻几户农户的生活污水收集。污水量≤5 m^3/d。

分散式污水处理设施设置在农户周边，相邻农户的化粪池可单建，也可合建，在单户收集系统基础上，将 2～5 户的污水用管道引入污水处理设施。污水的收集应符合《村庄整治技术规范》（GB 50445—2008）、《镇（乡）村排水工程技术规程》（CJJ 124—2008）等相关规定。

（4）分质收集模式

在有条件的地区鼓励采用源分离技术进行黑水、灰水分别处理回用。厕所粪便污水浓度高，可采用一体化生物反应器，或在有土地可利用的情况下采用化粪池+自然生物处理工艺，在东北、西北、华北等地区的冲厕所污水，部分可经化粪池或简单厌氧处理后还田回用。居民洗衣、淋浴及厨房洗涤等灰水中污染物浓度较低，可直接采用人工湿地工艺等简单处理方法处理后排放或综合利用。

表 4-2 收集系统技术比较

序号	比较项	重力收集系统	正压收集系统	负压收集系统
1	收集率	易受地形、地下管线等影响，收集率较低	可提升跨越地形，收集率高	可适当提升跨越地形，收集率较高
2	施工难易	管径通常在 200～400 mm，需大于 4‰放坡，管沟深且宽	管径通常在 80～150 mm，管沟窄且浅	管径通常在 60～150 mm，管沟窄且浅
3	工程造价	管径大、埋设深，工程成本适中	各低洼点需单独收集，地形复杂时成本高	土建节省成本与设备增加成本基本持平，成本适中
4	运维	检查井清掏，管道冲洗	前端检查井清掏，管道冲洗。设备维护，运行持续耗电	设备维护，运行持续耗电
5	适用情形	地形坡度较大，建筑间距较大	单点输送	地势起伏、水网发达、岩石地质、内部道路狭窄、建筑保护等

4.2.3.4 收集系统设计参数要求

（1）收集系统应根据农村总体规划和建设情况统一布置，分期建设。排水管渠断面尺寸应按远期规划的最高日最高时流量设计，按现状水量复核，并考虑农村远景发展的需要。对于不确定因素较多的项目，应加强现场实地踏勘、调查。

（2）管渠平面位置和高程，应根据地形、土质、地下水位、道路情况、原有的和规划的地下设施、施工条件以及养护管理等因素综合考虑确定。排水干管应布置在排水区域内地势较低或便于雨污水汇集的地带。排水灌渠宜沿村镇道路敷设，并与道路中心线平行，一般设在快车道以外。管渠高程设计除考虑地形坡度外，还应考虑与其他地下设施的关系以及接户管的连接是否方便。

（3）污水管道和附属构筑物应保证其密实性，防止污水外渗和地下水入渗。

（4）当排水管渠出水口受水体水位顶托时，应根据地区重要性和积水所造成的后果，设置潮门、闸门和泵站等设施。

（5）管道转弯或交界处，其水流转角不应小于 90°。

（6）管道基础应根据管道材质、接口形式和地质条件确定，对地基松软或不均匀沉降地段，管道基础应采取加固措施。

（7）管顶最小覆土深度，应根据管材强度、外部荷载、土壤冰冻深度和土壤性质等条件，结合当地埋管经验确定。管顶最小覆土深度宜为：人行道下 0.6 m，车行道下 0.7 m，在绿化带或庭院内的管道覆土厚度可根据实际情况酌情减小，但应不低于 0.4 m，且不得高于土壤冰冻线以上 0.15 m。超过一定深度（如 6 m）可考虑设置提升泵站。

（8）污水管道管径一般不宜小于 200 mm，污水管道依据地形坡度铺设，坡度不应小于 0.4%，以满足污水重力自流的要求，同时应防止因地形坡度过大，冲刷管道或管道露出地面。

（9）卫生间冲厕排水管径不宜小于 100 mm，坡度宜取 0.7%～1.0%；生活洗涤水排放管管径不宜小于 50 mm，坡度不宜小于 2.5%；管道在车行道下埋深不宜小于 0.7 m。

（10）污水管道铺设应尽量避免穿越场地、公路和河流，长距离输送污水管道和暗渠应设检查井，管径在 200～400 mm 时，检查井最大间距为 40 m。

（11）明渠和盖板渠的底宽不宜小于 0.15 m。用砖或混凝土块铺砌的明渠可采用 1∶0.75～1∶1 的边坡。

（12）由于农户排水量小且排水集中在几个时段，当有大块悬浮物进入管道时，往往会沉积，造成管道堵塞，因此宜安装滤网，同时增加管道的坡度。

（13）当无法采用重力流或重力流不经济时，可采用压力流，即正压排水或负压排水。

（14）严禁采用渗水井、渗水坑等排水方式，防止地下水受到污染。

（15）应在污水排入管网前设置化粪池、沼气池等方法进行预处理，并在化粪池、沼气池适当位置设置粪便取运口，以便将粪便作为农家肥利用。

（16）正压水泵的选择应根据设计流量和所需扬程等因素确定，且水泵宜选用同一型号，台数不应少于 2 台，不宜大于 8 台。当水量变化很大时，可配置不同规格的水泵，但不宜超过两种，也可采用变频调速装置或可调式水泵。

（17）负压泵站宜布置于负压排水系统中心或地势低的位置，与周围建筑物的距离不应小于 25 m，与生活给水泵房、水源、水池的距离不应小于 10 m，当达不到要求时，应采取有效的防污染措施。

4.2.3.5 收集系统设计选材要求

（1）村庄生活污水排水管道管材选取应遵循性能可靠、工程造价合理、便于施工和维护的原则，并充分考虑管道沿线的地质条件。

（2）村庄生活污水收集管道的管材，原则上应采用塑料排水管（包括 PVC 管、HDPE 管、PE 管等）。在地质条件较差的地区，经过技术经济比较后，可选择球墨铸铁管。

（3）管道连接方式设计应因地制宜选用不同的连接方式，塑料排水管一般采用承插式橡胶圈接口。对接口有特殊要求（负压）时，可根据实际情况采用热熔连接等方式。

（4）当管径大于等于 300 mm 时，应优先选用性价比较高的 HDPE 双壁波纹管或 PE 管，管道环刚度大于 8 kN/m^2。

（5）管道系统配置的检查井宜选用优质成品检查井，以保证管道建设质量，缩短施工周期。管道与检查井宜采用柔性连接方式。

4.3 农村生活污水治理模式与技术的选择

农村生活污水处理要以改善农村人居环境为核心，坚持从实际出发，因地制宜采用污染治理与资源利用相结合、工程措施与生态措施相结合、集中与分散相结合的建设模式和处理工艺。

4.3.1 治理模式选择主要考虑因素

根据各地区村庄人口规模、村落分散程度、距离城市远近情况等实际情况，农村生活污水处理主要有分散处理、集中处理、纳管处理三种方式。农村生活污水处理方式见表 4-3。根据人口集聚程度、经济条件、地理气候因素、排水去向，又分为简单、常规和高级模式。农村生活污水治理适用技术模式见附录 3。农村生活污水处理组合技术模式的选择见图 4-9。

表 4-3　农村生活污水处理方式

工程类型	水量/（m^3/d）	家庭数/户	人口数/人	距离要求
单户分散型	≤5	1～10	＜100	原位就地处理
单村集中型	5～200	10～500	100～2 500	村与村距离＞5 km
连片集中型	＞200	＞500	1 000～2 500	村与村距离＜5 km

注：分散型、集中型主要用距离要求区分，不能以水量、家庭数及人口数区分。

4.3.2　治理技术选择主要考虑因素

（1）进水水质条件

进水水质条件决定预处理设施的设置及选取，如进水含油较高（＞50 mg/L），则需设置除油设施，如进水水质浊度较高（＞100 mg/L），则需设置沉淀设施。

（2）出水水质标准

出水水质标准决定处理设施类型的选取。水环境保护要求高的地区，如饮用水水源地、水系源头、重要湖库集水区等执行相对严格的标准的区域，污水处理侧重选择处理效果好、运行稳定、水质标准高的技术。如出水水质要求较高，则需采用去除总氮、总磷技术等设施。

（3）土地性质

土地性质及相应的地质条件影响了是否便于采用土地处理、人工湿地、稳定塘等生态处理工程。通常，当有废弃沟塘时，可改造为稳定塘；当场地渗透性较好时，可采用地下渗滤系统；当渗透性一般时，可采用人工湿地；当场地受限时，则可采用由成熟生化处理技术组合而成的一体化设备。

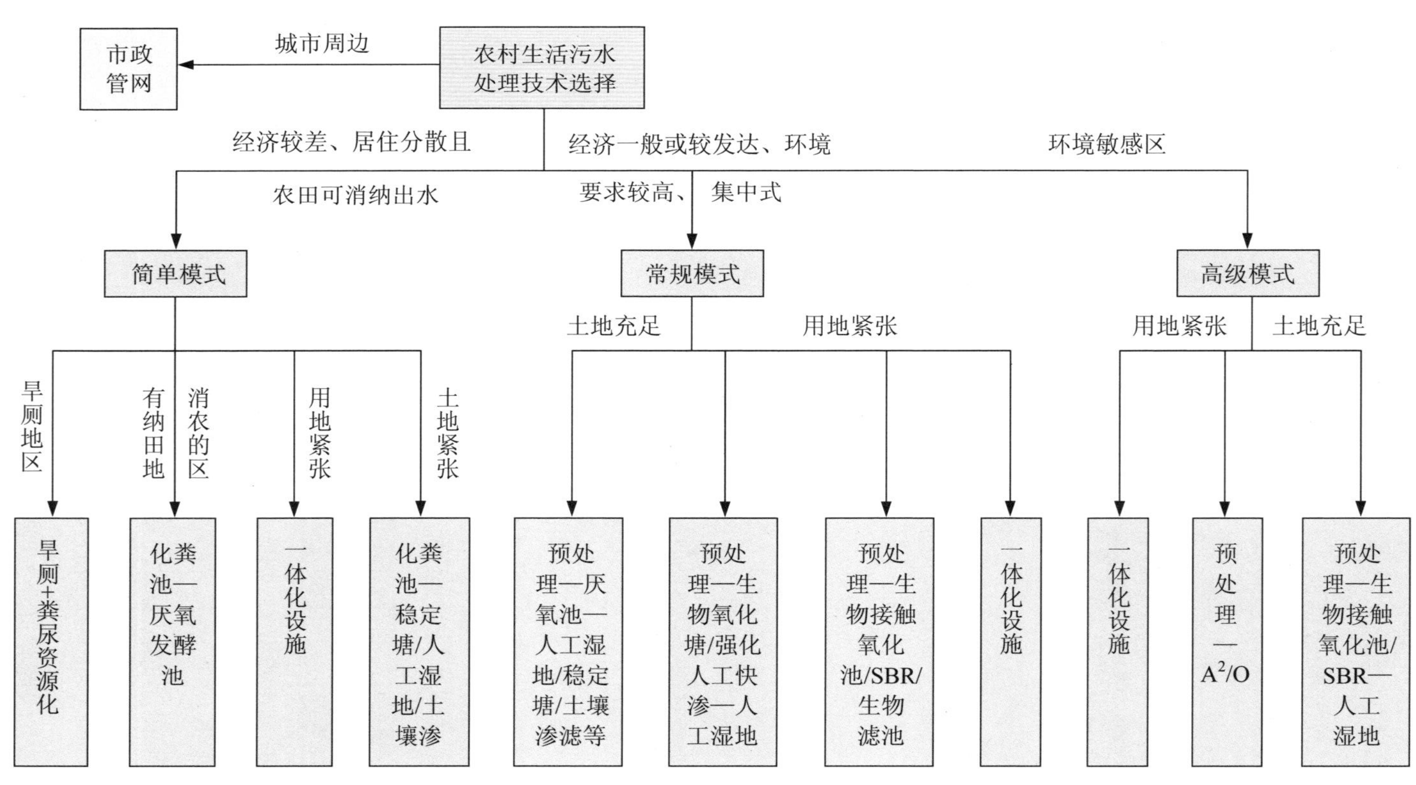

图 4-9 农村生活污水处理组合技术模式的选择

（4）地形地貌

地形地貌极大地影响污水治理模式的选择，对于处于山区的分散村庄，宜采用旱厕+化粪池的简单处理模式；而对于生态环境敏感地区，宜采用脱氮除磷等高级处理模式。

（5）气候条件

处理设施的设计应考虑气候条件的影响，如东北地区冬季较寒冷，需考虑保温及防冻措施。

4.3.3　简单模式

该模式主要适用于经济条件较差、居住较分散的山区、偏远农村，干旱缺水、高寒地区的农村以及有大量农田可消纳治理后污水的农村。该模式主要包括以下组合技术：①旱厕—粪尿资源化；②化粪池—厌氧发酵池（沼气池）；③化粪池—稳定塘/人工湿地/土壤渗滤等；④厌氧一体化设施。

4.3.3.1　旱厕+粪尿资源化组合技术

（1）适用范围

该组合技术主要适用于使用旱厕的农村地区，如偏远农村、山区、干旱缺水及高寒地区的农村等。

（2）工艺流程

该组合技术主要有以下三种工艺流程：

①粪尿分集式厕所—尿液发酵—粪便腐熟无害化处理。

粪尿分集式厕所是利用粪、尿不同的生物特性，分别收集、治理、利用。粪尿分集式厕所是一种防蝇、无臭、可使粪便无害化，不污染外环境，节水，可回收尿肥、粪肥，适用范围广泛的生态卫生厕所。粪尿分集式生态卫生厕所是一种新型旱厕，把数量较多且不含病原体的尿直接利用，把数量较少、含病原体较多的粪便单独收集进行无害化处理，处理后的粪便作为优质农家肥用于农作物，实现生态上的循环。这种厕所基本不用水冲，排尿部分仅需小量水，每次 100～200 mL 即可，大便部分绝对禁水，这点对缺水地区尤为可贵。粪中的生物性病原体生存环境是一种需水环境，粪尿分集式厕所采用粪便干燥脱水的办法可从源头来杀灭病原体。

粪尿分集式厕所将粪和尿分别收集，这是通过一种专门设计的便器来实现的。整个结构非常简单，除便器外，包括一根塑料尿管、尿桶、粪坑、排气管等组成。粪坑根据房屋结构及周围环境情况可设计为双坑交替、单坑太阳能等多种类型，便器与粪坑可直接连通，也可通过一根导管连接。富含养分且基本无害的尿液经过短期发酵直接用作肥料，含有寄生虫卵和肠道致病菌的粪便采用干燥脱水、自然降解的方法进行无害化处理，形成腐熟的腐殖质回收利用。尿不要流入贮粪池，尿的储存容器要求避光并较密闭，经加 5 倍水稀释后，可直接用于农作物施肥。

优点：粪尿分集式厕所建设成本低、用地少、节水、保肥效果好，适用范围较广，尤其是缺水的干旱地区。

缺点：粪尿分集式厕所如安装在室内，则需注意通风排臭问题；如管理不善，将直接影响粪便无害化的效果，最常见的就是粪尿混合。

②双坑交替式厕所—粪便加土密封降解。

双坑交替式厕所是通过建造两个贮粪池交替轮流使用，人粪尿用土覆盖，用土量以能充分吸收尿与粪水分并使粪尿与空气隔开为宜，待第一坑填满后将其封闭，使用第二坑。第一封坑厕所掏空粪便再行使用，如此双坑交替循环使用。双坑交替式厕所使用后合理盖土并严格密封，无蝇无蛆。便后加入略经干燥的黄土，密封储存，粪便中的有机质缓慢降解，长时间的储存后可用于农田施肥。

③原位微生物降解生态厕所—自然降解。

利用微生物将排泄物分解为水、二氧化碳和残余物质，实现“自然循环降解，将废弃物转化为有机肥”的目的。

该组合技术最大限度地实现了粪污资源化，且基本没有设备运行费用；但是旱厕对人居环境影响较大，尤其是夏季气温较高时，臭味明显，同时需处理好非农田施肥季节的粪污储存工作。

4.3.3.2　化粪池/厌氧发酵池（沼气池）技术模式

（1）适用范围

该技术模式主要用于有大量农田可消纳治理后污水的单户或连户的分散式污水治理，如缺水地区、高寒地区等；不适用于河网密布地区的农村。其中，厌氧发酵池（沼气池）尤其适用于混入养殖废水、粪污的生活污水的治理。

采用本模式治理污水时，应防止雨水进入化粪池/厌氧发酵池（沼气池）而造成池体内的污水溢出。

（2）工艺流程

①化粪池。

农村粪便污水从住宅排出后进入化粪池，在化粪池内通过厌氧生物分解作用去除部分有机污染物后，出水农用。污水停留时间至少为 12 h，且需 3～12 个月清掏一次，粪液只能从三格式化粪池的第三格或者是双瓮式的第二瓮中取用，且禁止向第三格或者是第二瓮中倒入新鲜粪液。

治理效果为 COD_{Cr}：40%～50%，SS：60%～70%，动植物油：80%～90%，致病菌寄生虫卵：≥95%。

②厌氧发酵池（沼气池）。

生活污水、养殖业粪污等进入厌氧发酵池（沼气池），通过厌氧生物分解去除部分有机污染物，同时产生沼气。

沼气池需定期（一般一年一次）检查气密性，定期（4～8 年）维修，经常检查输气管是否漏气或堵塞。

注：治理效果仅供参考，具体根据不同工艺实际情况确定，下同。

4.3.3.3　化粪池—稳定塘/人工湿地/土壤渗滤组合技术

（1）适用范围

该组合技术主要适用于经济欠发达、环境要求一般且可利用土地充足的农村地区的单户或连户污水治理；拥有坑塘、洼地的农村可选择化粪池—稳定塘/人工湿地组合技术，由于气候条件对稳定塘/人工湿地运行效果有一定影响，因此，本模式更适合在南方地区应用，对于高寒地区，选用此模式时需配套建设冬储系统。高寒、缺水且土壤渗透性较好的地区可选择化粪池—土壤渗滤组合技术。实现黑水、灰水分离的地区，灰水可以收集后不经化粪池直接进入人工湿地/土壤渗滤等。

（2）工艺流程

①化粪池—稳定塘组合技术（图 4-10）。

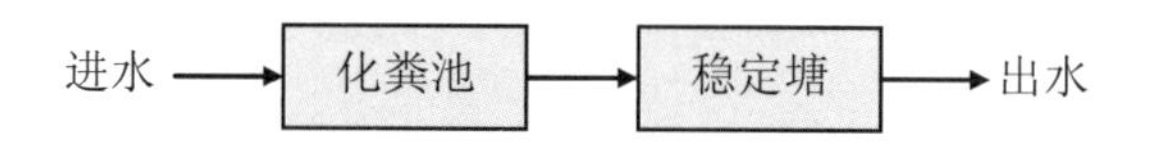

图 4-10　化粪池—稳定塘组合技术流程

污水经化粪池处理后进入稳定塘，其中在化粪池的停留时间应不小于 48 h；出水进入稳定塘后，水力停留时间为 4～10 d；有效水深为 0.5 m 左右。

②化粪池—人工湿地组合技术（图 4-11）。

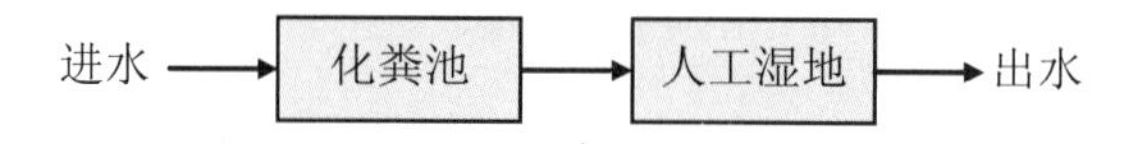

图 4-11　化粪池—人工湿地组合技术流程

污水经化粪池处理后进入人工湿地，其中在化粪池的停留时间应不小于 48 h，且出水 SS≤100 mg/L；出水进入人工湿地后，水力停留时间为 4～8 d（表面流人工湿地），1～3 d（潜流人工湿地）。

③化粪池—土壤渗滤组合技术（图 4-12）。

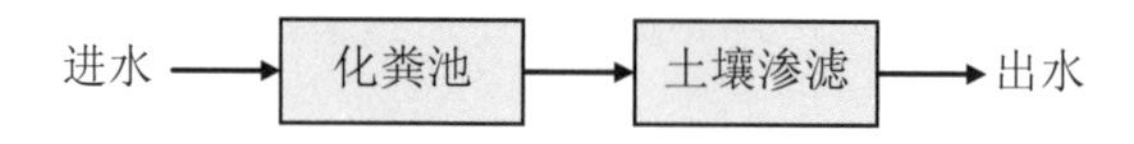

图 4-12　化粪池—土壤渗滤组合技术流程

污水经化粪池处理后进入土壤渗滤系统，其中在化粪池的停留时间应不小于 48 h，且出水 SS≤100 mg/L；出水进入土壤渗滤系统后的水力负荷应根据土壤渗透系数确定，一般为 0.2～4 cm/d。

（3）治理效果

出水水质：COD_{Cr}≤100 mg/L，SS≤30 mg/L，NH_3-N≤25（30）mg/L，TP≤3 mg/L。

4.3.4 常规模式

该模式主要适用于经济一般或较发达、环境要求较高的农村地区的集中式污水治理，污水处理效果基本可达到 GB 18918 一级 B 及以下标准。该模式主要包括以下组合技术：①预处理—厌氧池—人工湿地/稳定塘/土壤渗滤等；②预处理—生物稳定塘/强化人工快渗—人工湿地；③预处理—生物接触氧化池/SBR/氧化沟/生物滤池等；④一体化设施。该模式出水可以灌溉农田，也可以直接排放。

4.3.4.1 预处理—厌氧池—稳定塘/人工湿地/土壤渗滤组合技术

（1）适用范围

该组合技术适用于各种地形条件和有较大面积闲置土地的地区；高寒地区推荐采用预处理—厌氧池—人工湿地/土壤渗滤组合技术，同时应做好冬季储水工作。采用预处理—厌氧池—稳定塘组合技术的地区应将处理设施建于居民点长年风向的下风向，防止水体散发臭气和滋生蚊虫的侵扰；同时应防止暴雨时期产生溢流。

（2）工艺流程

①预处理—厌氧池—稳定塘组合技术（图 4-13）。

图 4-13　预处理—厌氧池—稳定塘组合技术流程

生活污水首先进入化粪池，在化粪池中停留时间宜为 12～36 h；出水进入厌氧池（厌氧池可与化粪池合建），厌氧池的水力停留时间宜取 2～5 d，排泥间隔时间约为 3 个月至 1 年；本组合技术中稳定塘一般为好氧塘，深度一般在 0.5 m 左右。

②预处理—厌氧池—人工湿地组合技术（图 4-14）。

图 4-14　预处理—厌氧池—人工湿地组合技术流程

生活污水首先进入化粪池，在化粪池中停留时间宜为 12～36 h；出水进入厌氧池（厌氧池可与化粪池合建），厌氧池的水力停留时间宜取 2～5 d，排泥间隔时间约为 3 个月至 1 年，出水 SS 浓度应控制在 100 mg/L 以下；本组合技术中人工湿地一般为水平潜流或垂直潜流人工湿地，人工湿地表面积可按照不小于 5 m^2/人（水平潜流）或 2.5 m^2/d（垂直潜流），且水平潜流人工湿地水位一般保持在基质表面下方 5～20 cm。

③预处理—厌氧池—土壤渗滤组合技术（图 4-15）。

图 4-15　预处理—厌氧池—土壤渗滤组合技术流程

生活污水首先进入化粪池，在化粪池中停留时间宜为 12～36 h；出水进入厌氧池（厌氧池可与化粪池合建），厌氧池的水力停留时间宜取 2～5 d，排泥间隔时间约为 3 个月至 1 年，出水 SS 浓度应控制在 100 mg/L 以下；本组合技术中土壤渗滤一般为快速渗滤和地下渗滤，土壤渗滤床的面积可根据渗透速率和所需治理的污水量而定，治理 1 m^3 污水所需面积 4～20 m^2。

（3）治理效果

出水水质：COD_{Cr}≤60 mg/L，SS≤20 mg/L，TN≤20 mg/L，NH_3-N≤8（15）mg/L，TP≤1 mg/L。

4.3.4.2　预处理—生物稳定塘/强化人工快渗—人工湿地组合技术

（1）适用范围

该组合技术主要适用于有较大闲置土地的平原地区，尤其适用于干旱缺水的平原地区；对于高寒地区采用本组合技术需做好冬季保温及储水工作。

（2）工艺流程

①预处理—生物稳定塘—人工湿地组合技术（图 4-16）。

图 4-16　预处理—生物稳定塘—人工湿地组合技术流程

该组合技术的预处理一般为化粪池，在化粪池中停留时间宜为 12～36 h；生物稳定塘深度一般为 0.5 m 左右，人工湿地可以为表面流、水平潜流或垂直潜流人工湿地，表面流人工湿地水深一般为 20～80 cm，水平潜流人工湿地水位则一般保持在基质表面下方 5～20 cm，并根据待治理的污水水量等情况进行调节。人工湿地表面积可按照≥10 m^2/人（表面流）、≥5 m^2/人（水平潜流）或≥2.5 m^2/d（垂直潜流）等设计。

②预处理—强化人工快渗—人工湿地组合技术（图 4-17）。

图 4-17　预处理—强化人工快渗—人工湿地组合技术流程

该组合技术的预处理一般为化粪池与沉淀池，在化粪池中停留时间宜为 12～36 h，且保证沉淀出水 SS 浓度≤100 mg/L。人工快渗土壤渗透系数 0.45～0.6 m/d，滤层最佳深度为 2 m 左右，1 m^3 的体积可以处理 2 m^3 以上污水。人工湿地可以为表面流、水平潜流或垂直潜流人工湿地，表面流人工湿地水深一般为 20～80 cm，水平潜流人工湿地水位则一般保持在基质表面下方 5～20 cm，并根据待处理的污水水量等情况进行调节。人工湿地表面积可按照≥10 m^2/人（表面流）、≥5 m^2/人（水平潜流）或≥2.5 m^2/d（垂直潜流）等设计。

（3）治理效果

出水水质：COD_{Cr}≤60 mg/L，SS≤20 mg/L，TN≤20 mg/L，NH_3-N≤8（15）mg/L，TP≤1 mg/L。

4.3.4.3 预处理—生物接触氧化池/SBR/氧化沟/生物滤池组合技术

（1）适用范围

该组合技术适用于所有经济条件好、用地紧张且出水要求较高（有脱氮除磷要求）的农村地区。SBR 池是污水处理的核心构筑物，污水中的大部分有机物在微生物的作用下得到氧化分解，污水达到排放要求后排出处理系统。由于 SBR 池独特的运行方式，当进水水质变化时，可适当调整运行程序，在满足治理能力的前提下进一步降低成本。

（2）工艺流程

①预处理—生物接触氧化池组合技术（图 4-18）。

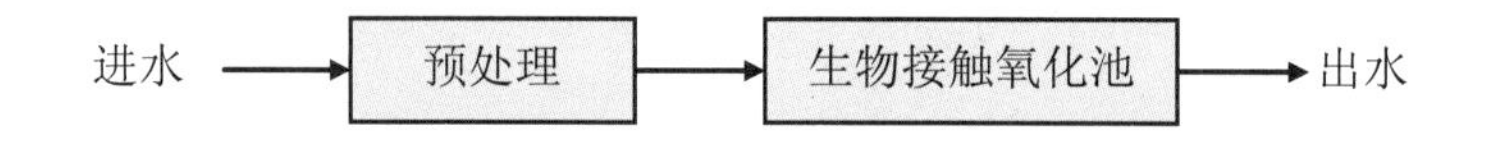

图 4-18 预处理—生物接触氧化池组合技术流程

该组合技术适用于处理规模在 200 m^3/d 以下的污水处理，预处理一般为格栅和沉淀池，保证接触氧化池进水 SS 浓度不高于 100 mg/L，以免造成系统堵塞；当有餐饮业废水进入时，可增设隔油池；接触氧化池好氧区的 DO 浓度宜控制在 2.0～3.5 mg/L，可采用鼓风曝气或在丘陵、山地等地区利用地形高差，采用跌水曝气。

②预处理—SBR 组合技术（图 4-19）。

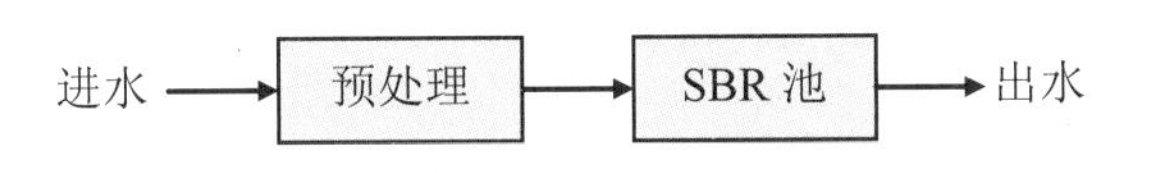

图 4-19　预处理—SBR 组合技术流程

该组合技术适用于处理规模在 200 m^3/d 以下的污水处理，预处理一般为格栅，进水 SS 浓度大于 200 mg/L 时，需设置沉淀池或超细格栅；SBR 的曝气方式可根据是否恒水位，分别选择机械表面曝气（恒水位）和潜水式曝气（变水位）。SBR 池按照进水、曝气、沉淀、排水、待机五个工序实现时间上的理想推流和空间上的完全混合。

③预处理—氧化沟组合技术（图 4-20）。

图 4-20　预处理—氧化沟组合技术流程

该组合技术适用于处理规模在 200 m^3/d 以上的污水处理，预处理设施可只设格栅，不设初沉池。水力停留时间宜为 10～30 h，污泥龄宜为 10～30 d，沟内流速宜大于 0.3 m/s，沟内污泥浓度宜为 2 000～4 000 mg/L；单沟型氧化沟可采用连续进水间歇曝气运行模式脱氮，缺氧 DO 低于 0.5 mg/L，好氧 DO 大于 2.0 mg/L。

④预处理—生物滤池组合技术（图 4-21）。

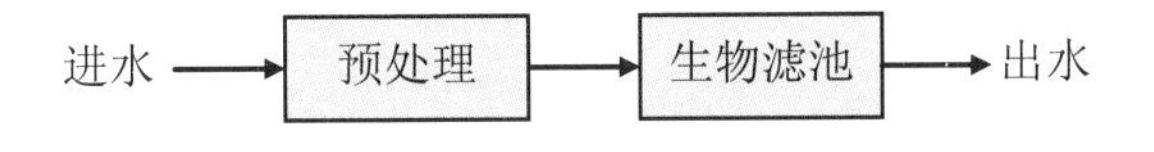

图 4-21　预处理—生物滤池组合技术流程

该组合技术的预处理设施一般为格栅和沉淀池，尽可能降低进水中 SS 浓度，避免造成系统堵塞。BOD_5 浓度低于 200 mg/L，可选择低负荷生物滤池，BOD_5 浓度低于 500 mg/L，可选择高负荷生物滤池或塔式生物滤池；选择曝气生物滤池时，要确保进水 SS 浓度低于 60 mg/L。

（3）治理效果

出水水质：COD_{Cr}≤50 mg/L，BOD_5≤10 mg/L，SS≤10 mg/L，TN≤15 mg/L，NH_3-N≤5（8）mg/L，TP≤0.5 mg/L。

4.3.5 高级模式

该模式主要适用于水环境保护要求高的地区，如饮用水水源地、水系源头、重要湖库集水区等执行相对严格标准的区域。

4.3.5.1 预处理—A^2/O 组合技术

（1）适用范围

该组合技术适用于环境要求高且用地紧张的地区。

（2）工艺流程（图 4-22）

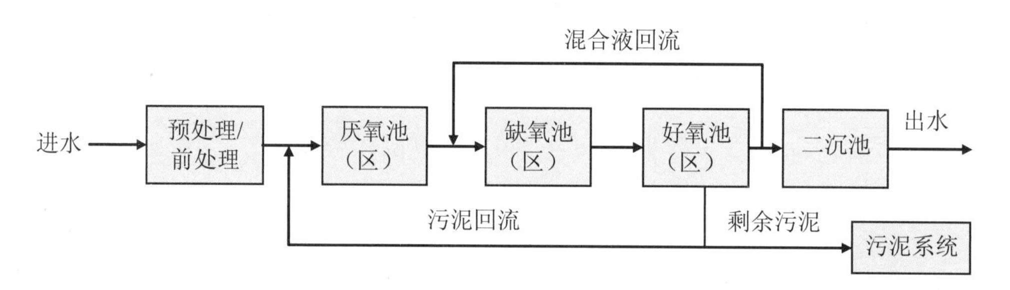

图 4-22 预处理—A^2/O 组合技术流程

该组合技术预处理设施包括格栅和沉淀池，根据实际运行情况确定污泥回流比（一般为 40%～100%）和混合液回流比（一般为 100%～400%）；好氧区曝气宜根据污水处理设施规模确定，大中型污水处理设施宜选择鼓风式中、微孔水下曝气系统，小型污水处理设施可根据实际情况选择。

（3）治理效果

出水水质：COD_{Cr}≤30 mg/L，BOD_5≤5 mg/L，SS≤10 mg/L，TN≤10 mg/L，NH_3-N≤5 mg/L，TP≤0.5 mg/L。

4.3.5.2　预处理—生物接触氧化池/SBR—人工湿地组合技术

（1）适用范围

该组合技术适用于环境要求高且有可利用土地的地区。

（2）工艺流程

①预处理—生物接触氧化池—人工湿地组合技术（图 4-23）。

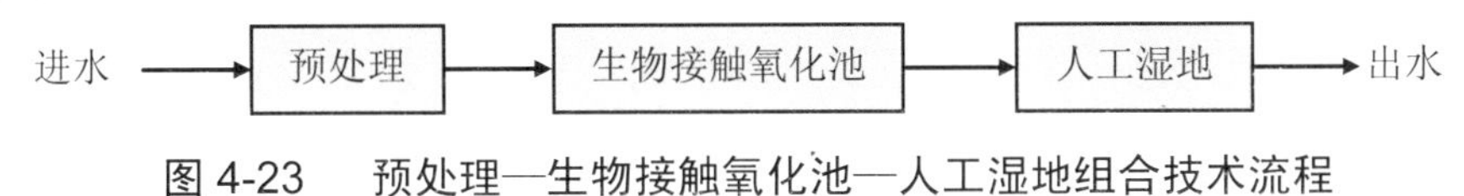

图 4-23　预处理—生物接触氧化池—人工湿地组合技术流程

该组合技术预处理设施为格栅和初沉池，保证接触氧化池进水 SS 浓度不高于 100 mg/L，以免造成系统堵塞；当有餐饮业废水进入时，可增设隔油池；接触氧化池好氧区的 DO 浓度宜控制在 2.0～3.5 mg/L，可采用鼓风曝气或在丘陵、山地等地区利用地形高差，采用跌水曝气；人工湿地作为深度处理设施，可以选择表面流或潜流人工湿地，人工湿地表面积可按照≥10 m^2/人（表面流）、≥5 m^2/人（水平潜流）或≥2.5 m^2/d（垂直潜流）等设计。

②预处理—SBR—人工湿地组合技术（图 4-24）。

图 4-24　预处理—SBR—人工湿地组合技术流程

预处理一般为格栅，进水 SS 浓度大于 200 mg/L 时，需设置沉淀池或超细格栅；人工湿地可参照预处理—生物接触氧化池—人工湿地组合技术中的人工湿地。

（3）治理效果

出水水质：COD_{Cr}≤30 mg/L，BOD_5≤5 mg/L，SS≤10 mg/L，TN≤10 mg/L，NH_3-N≤5 mg/L，TP≤0.5 mg/L。

第5章　农村生活污水处理设施运维管理

农村生活污水处理设施“三分建设、七分管理”，设施建成后的日常运维管理与监管是保障设施能否长期稳定运行的关键。本章主要围绕常见处理设施运维技术要点、污泥处理与处置、水质监测与评价方法、设施运维管理模式四个方面进行介绍，同时对浙江等地农村生活污水治理运维管理体系和信息管理平台的经验做法作简要介绍。

5.1　处理设施运行维护

5.1.1　构筑物维护

5.1.1.1　化粪池

对于化粪池清掏疏通，可以用铁钩打开化粪池的盖板，再用长竹竿搅散化粪池内杂物结块层。然后把真空吸粪车开到工作现场，套好吸粪胶管放入化粪池内，启动吸粪车的开关，吸出粪便污物直至化粪池内的化粪结块物基本吸完为止，防止弄脏工作现场和过往行人的衣物，盖好化粪池井盖，用清水冲洗工作现场和所有工具。

（1）清理化粪池作业流程

①用铁钩打开化粪池的盖板，将漂浮物及沉淀物用捞筐及其他工具捞出。

②把捞出的沉淀物装入粪袋用吸粪车运走。

③盖好井盖，以防行人掉入井内发生意外。

（2）清理化粪池注意事项

①清理格栅杂物：若化粪池第一格安置有格栅时，应注意检查格栅，发现有大量杂物时应及时清理，防止格栅堵塞。

②清理池渣：在化粪池建成投入使用初期，可不进行污泥和池渣的清理，运行 1～3 年后可采用专用的槽罐车，对化粪池池渣每年清抽一次。

③化粪池井盖打开后，工作人员不能离开现场，清洁完毕后，随手盖好井盖，以防行人掉入井内发生意外。

④化粪池清理完毕后，目视井内无积物浮于上面，出入口畅通，保持污水不溢出地面。

（3）化粪池维护注意事项

①化粪池水量不宜过大，过大的水量会稀释池内粪便等固体有机物，缩短了固体有机物的厌氧消化时间，会降低化粪池的处理效果；且大水量易带走悬浮固体，易造成管道堵塞。

②化粪池产生的可燃有毒气体存在安全隐患。维护管理前，化粪池井盖需打开通风 10～15 min，其间人要远离池边，禁止在附近点火、吸烟或接打手机，以防粪便产生的沼气着火或爆炸伤人。

③人切勿下池工作，防止人员中毒或陷入水中。如果不得不下池，必须戴上防毒面具。穿好防化服并做好相关防护措施。

④如化粪池堵塞，宜采用便携式疏通工具及时进行疏通，无法疏通的应及时报运维部门采用专用疏通工具疏通，对堵塞严重无法正常使用的应及时报备、更换。

⑤对破损的盖板、井盖应及时修理、更换。

⑥如果有渗漏迹象应及时修补，防止污染地下水。

5.1.1.2 格栅

定期巡检，发现有大量杂物时应及时清理，防止堵塞。

5.1.1.3 集水井、调节池

（1）设置提升泵的集水井、调节池，要经常检查潜污泵的工作状态是否正常、池底污泥蓄积情况是否正常等，防止污水溢出。定期清理缠绕在水泵上的头发等杂物。

（2）集水井、调节池应定期清掏。

5.1.1.4 隔油池

（1）隔油池废弃物处置实行单独投放、统一收运、集中处置。经营户或专职人员对产生的废弃物去向进行记录。

（2）隔油池应设计明显标识。经营户或专职人员定期清掏隔油池，确保隔油池第三个池内无可见浮油。

（3）专职人员定期巡查隔油池清掏情况、盖板开启情况，定期检查隔油池管道系统，发现破损及时维修更换，如有堵塞，应及时清理，保持畅通。

（4）隔油池的运行、维护及其安全应符合国家现行有关标准的规定。清掏人员和维护检修人员应严格执行安全操作规程，要防止坠落、滑跌、盖板砸伤、火灾等事故的发生。

（5）农家乐、民宿餐饮污水隔油设施的建设、运行和维护管理的规范性，纳入农家乐、民宿评级评定内容。对餐饮污水隔油不规范、隔油效果不佳的经营主体要求限期整改，逾期或不予整改的依法予以停业整顿等相应处罚措施。

5.1.1.5 沉淀池

沉淀池表面出现浮渣时应及时清理，保证出水畅通。如有污泥上浮等现象，应适当加大曝气量或减少沉淀池停留时间。

5.1.1.6 厌氧池、缺氧池

（1）当厌氧池、缺氧池表面有浮渣产生时，应及时清理，厌氧池、缺氧池的污泥应定期排放。

（2）浮渣及污泥排放后不得随意堆放，应及时处置，防止蚊蝇滋生及污染周边水体。

（3）当缺氧池采用空气搅拌时，严防搅拌过度而带入过多的溶解氧，影响脱氮效果。

（4）生物脱氮技术需要满足一定的处理条件才能达到预期效果。稳定脱氮的基本控制条件：槽内水温不低于 13℃，反硝化时间充分。污水实际流入量不得大幅度低于或高于设计值。BOD_5/TN 为 3～5。硝化液回流比适当。好氧池硝化充分，缺氧池溶解氧浓度低于 0.5 mg/L，搅拌均匀。

5.1.1.7 好氧池

（1）通常好氧池的溶解氧控制在 2～3 mg/L。

（2）当好氧池内曝气存在不均匀现象时，应对鼓风机及管路进行检查，确认是否有漏气、堵塞等问题。

（3）接触氧化池应定期观察生物附着量、颜色等。如生物膜附着过多，部分区域呈现灰黑色，则是填料内部可能出现堵塞情况，应及时清理。如有曝气死区，应及时调整曝气头位置或疏通曝气管，保证曝气均匀。

（4）接触氧化工艺应根据运行状况，定期排除生物膜剥离污泥。

（5）定期测定污泥回流比及硝化液回流比，如出现与设定值不符或出水水质变差的情况，应根据情况及时调整。

5.1.1.8 污泥储存池

使用吸粪车等设备，约每半年抽取一次污泥储存池内的暂存污泥。清理出的污泥要进行处理。

5.1.1.9 土地渗滤系统

（1）土地渗滤系统在秋末冬初应进行植物收割，加强植物的病虫害控制，在控制过程中应防止引入新的污染源；应加强土地渗滤系统的杂草控制。

（2）冬季干旱寒冷，在设计时必须考虑保温措施，保证冬季处理运行效果。土地渗滤系统可设计双层布水管，底层布水管应设置在冻土层以下 0.2 m 处，应将布水管埋深在冬季土壤温度不低于 10℃的位置。冬季时开启。土地渗滤系统边墙可采取双墙保温结构，墙体中间可填充碎石、秸秆等。

（3）当池内产生短流时，可通过调节水位来解决，如仍出现水质不稳定现象，应检查填料是否堵塞，必要时更换部分填料。土地渗滤系统运行防堵塞可采用以下措施：控制污水进入系统的悬浮物浓度；适当采用间歇运行方式；局部更换土地渗滤系统的基质。

（4）当土地渗滤系统出水，回流比为 1∶1。

5.1.1.10 稳定塘

（1）稳定塘中的水生植物应定期管理并及时打捞衰败的水生植物；不能让水生生物过度生长，特别是藻类的快速繁殖会使出水水质下降。

（2）在冬季污水回用需求降低时，稳定塘可作为污水暂存池使用。

（3）对稳定塘的出入水量进行定期测量，以查看有无渗漏，有渗漏情况发生时应及时采取补救措施，以免污染地下水；如果周边有地下井，也可抽取地下水进行检测，查看是否受到塘水的下渗污染。

（4）定期清除塘底污泥。

5.1.1.11 人工湿地

人工湿地在应用过程中有许多需要注意的方面，例如，人工湿地易受气候温度条件的影响，易受滤池植物种类的影响，容易产生堵塞现象，易受水力负荷、污染负荷的影响等。

（1）冬季运行措施。在秋冬季植物枯萎后，吸收速度放慢，死亡的植株会释放污染物到水体中，污染物去除能力明显下降，致使出水污染物含量上升，甚至高于进水，处理效果差。因此，人工湿地中的植物应及时收割，防止氮、磷的释放。植物收割时可采用轻型收割机或进行人工收割，以防破坏下面的布水系统或压实填料层。冬季易发生冻害的地区应考虑保温防冻措施，水温应保证不低于 4℃；定期做人工湿地的冻土深度测试，掌握人工湿地系统的运行情况；强化预处理，减轻人工湿地系统的污染负荷；冬季管理宜采用植被覆盖、塑料大棚温室、增加滤层厚度、建造双层保温墙等保温措施，以保证人工湿地在冬季正常运行。

（2）人工湿地启动与运行。在启动阶段，芦苇等植物栽种后即需充水。初期可将水位控制在地面下 25 mm 左右处。按设计流量运行 3 个月后，将水位降低至距床底 0.2 m 处，以促进芦苇等植物根系向深部发展。待根系深入到床底后，再将水位调节至地表下 0.2 m 处开始正常运行。进入稳定成熟阶段后，系统处于动态平衡，植物的生长仅随季节发生周期性变化，而年际间则处于相对稳定的状态，此时系统的处理效果可充分发挥，运行稳定。人工湿地系统从启动到成熟一般需 1～2 年。对设计合理的人工湿地系统，在进水水质及水量变化不大时，一旦进入成熟期，系统可自流运行。湿地中的植物一般可于冬季干枯期定期收割。

（3）堵塞和短流现象预防。人工湿地净化的效果受水力负荷、污染负荷、水力停留时间等的影响，水力负荷过大、污染过重会使水力停留时间缩短，将降低污染物的去除率。随着污水处理过程的不断运行，数年内基质的吸附能力通常会趋于饱和，从而严重影响滤池长期运行的稳定性，甚至使滤池系统失去应有的功能。人工湿地堵塞一般发生在基质上层 0～15 cm 处，当堵塞现象发生时，使得废水的有效停留时间减少，原来的流动路径短路，污水在滤池表面径流，水力传导性、滤池处理效果和运行寿命降低。

潜流人工湿地系统运行防堵塞可采用以下措施：①当池内产生短流时，可通过调节水位解决，如仍出现水质不稳定的现象，应检查填料是否堵塞，必要时更换部分填料。②湿地系统单元进水后，应检查配水效果，配水应均匀，不得有侵蚀和短流现象。③控制污水进入系统的悬浮物浓度；填料级配应保持恒定，如出现堵塞，须采取停止人工湿地进水、更换填料并补栽植物等有效措施。④适当采用间歇运行方式；局部更换人工湿地的基质。

潜流人工湿地底部应设置清淤装置。垂直潜流人工湿地内可设置通气管，同人工湿地底部的排水管相连接，并且与排水管道管径相同。根据暴雨、洪水、干旱、结冰期等各种极限情况，调节和控制人工湿地水位，不得出现进水端壅水现象和出水端淹没现象。当人工湿地池体出现渗漏时，应及时采取补救措施，以免污染地下水。

（4）人工湿地植物管护：在人工湿地植物栽种初期，应设置专业人员看护，及时清除杂草和人工湿地内枯萎的植物，保证植物成活。植物成熟期内，植株密度应保持稳定，不可过密或过稀，且应注意病虫害防治。人工湿地常见病虫害防治方法见表 5-1。

表 5-1 人工湿地常见病虫害防治

序号	病虫害	防治方法
1	黄花鸢尾病虫害	对发病植株应迅速拔除，并在周围喷洒 1∶200 倍的波尔多液
2	黑斑病	加强栽培管理，及时清除病叶。对于发病较严重的植株，须更换新土再行栽植，不偏施氮肥。发病时，可用 75%的百菌清 600～800 倍液喷洒
3	线虫病	可用 40°～43°的 0.5%福尔马林液浸泡鳞茎 3～4 h 加以预防。如在养护过程中发现植株染病严重，应立即将病株剔除并销毁
4	水竹芋病	用 65%代森锌可湿性粉剂 500 倍液或百菌清可湿性粉剂 800 倍液喷洒
5	红蜘蛛	用 40%氧化乐果乳油剂 1 500 倍液喷洒

5.1.1.12 SBR 工艺反应池

SBR 工艺反应池内应进行过程监测和控制，以保证 SBR 污水处理工程的安全性和可靠性。具体实施方法：配置相应的在线数据采集模块、数据传输系统以及远程服务器，实施信息化管理。监测和控制系统应根据工程规模、工艺流程和运行管理要求确定。信息化管理流程：通过在线数据采集模块采集水风机的启停情况、池内液位、进出水流量以及在线数字仪表（pH 计、DO 仪等）数显等信息，并在 PLC 系统内转化为数字信号，通过远程数据传输系统（如 GPRS）传送到服务器终端，经专业人员分析后，对泵的故障、仪表故障等问题及时采取反馈调节或现场的检修工作。

若 SBR 工艺设计为一级排放标准，须专业管理人员检查自控系统是否有序进行、清理浮泥，并检查相应配毒池等是否正常运行。若 SBR 工艺设计为二级排放标准，可适当降低维检频率。

SBR 工艺反应池应检查项目如下：

①检查自动化控制系统是否正常运行；

②检查反应池体有无损坏，是否出现漏水、溢水现象；

③清理池体内表面浮泥；

④清理池体周边杂草及垃圾，以防掉入池内。

5.1.1.13　MBR 工艺反应池

MBR 工艺反应池宜采用在线监控和信息化管理，配置在线数据采集模块、数据传输系统及远程服务器，实施信息化管理。监测和控制系统应根据工程规模、工艺流程和运行管理要求确定。信息化管理流程：通过在线数据采集模块采集水泵风机的启停情况、池内液位、进出水流量和膜压力等数据，传输到 MBR 工艺反应池的中央控制系统，并在系统内转化为数字信号，再通过远程数据传输系统（如 GPRS）传送到服务器终端，经专业人员分析后，对泵的故障、实时流量不准确、液位过高、膜压力超过设计值等问题及时采取反馈调节或现场的检修工作。

应定期（每周）监测 MBR 工艺反应池的进出水水质、定期（每半月）监测 MBR 工艺反应池污泥浓度，中空纤维膜建议缩短监测周期。当污泥浓度低于 6 g/L 时，宜停止排泥，恢复膜池污泥浓度。当污泥浓度高于 12 g/L 时，宜增加排泥量。

当跨膜压差达到设计值时，应进行在线化学清洗。清洗时的跨膜压差宜按膜厂家提供的数据选择，无相关资料时，一般为 30 kPa（以真空表安装位置与运行液位齐平处计，如果管线过长，需要进一步通过计算确定）。在线化学清洗时，膜出水泵应停止，鼓风机应正常运行。

当膜系统运行一段时间后，膜表面形成污染，此时需要进行水反洗或 CBZ 反洗。

（1）水反洗

水反洗过程：先关闭产水泵，再关闭产水阀，之后开启反洗阀，再开启反洗泵，以膜产水进行反洗。反洗过程中膜单元保持曝气状态。

（2）CBZ 反洗

定期进行维护性加药反洗，通过化学药剂的杀菌、溶解、调节 pH 等作用，减缓膜表面的生物污染和化学污染，维持膜通量。膜清洗药剂应根据膜厂家提供的数据，无资料时，可按照下列数据：

①当用于去除有机污染物时，可采用 0.2%～0.5%（体积比）的次氯酸钠；

②当用于去除无机污染物时，可采用 0.2%～1.5%（体积比）的柠檬酸或草酸。

当系统监测数据出现以下任意一种情形时，需要进行恢复性化学清洗：

①跨膜压差上升超过 30 kPa；

②经过三次维护性清洗，压力上升周期短于维护性清洗周期；

③距上次化学清洗超过 3 个月。

恢复性化学反洗，是通过加药反洗的方式去除膜表面的污染物；恢复性浸渍清洗，是将膜组件整体浸泡在药品清洗池内，清除膜表面的污染物，其目的是使膜间压差恢复到初始状态。恢复性浸渍清洗比恢复性化学反洗清洗效果好。

膜组件不宜采用离线物理清洗方式恢复通量。当膜系统出现故障致使膜表面出现泥饼层时，宜先采用 4～24 h 只曝气不出水的方式进行泥饼吹脱，当无效果时，可采用离线物理清洗。

5.1.2 小型一体化设备运维

农村污水处理一体化设施包括多个工艺处理环节，如调节池、厌氧池、兼氧池、好氧池、沉淀池及清水池等。处理终端根据现场环境，需要设置动力设备，包括水泵、气泵等。这些动力设备都需要一体机进行控制、监测。农村污水一体化设备可通过物联网技术进行管理。这些设备由一体机控制器内部程序来进行控制，具体运行方式：提升泵根据集水池内液位开关进行控制，当水位高时开启提升泵，当液位低时停止提升泵；气泵会在每天设定的时间段运行，其余时间停止；污泥泵会间隔一段时间、运行一段时间。水量会由流量计进行计量然后把数据传给控制器，服务器会对现场设备进行数据采集监测，在有问题后作出报警处理。

（1）远程数据传输

监控一体机包括远程数据通信模块，通信模块将采集或控制指令通过 GPRS 或者以太网的方式与平台进行双向通信。监控一体机将采集的数据传输到中心平台，同时接收中心平台的指令，进行现场处理。

（2）水泵、气泵控制和运行状态监测

监控一体机对站点水泵、气泵等动力设备进行启停控制，可以设置动力设备的运行策略，定义时段运行时间，或者暂时关闭某个设备。也可以安装运行状态监测传感器，检测动力设备的真实运行情况。可以实时监测站点内现有水泵和风机的开启与关闭状态。

（3）浮球/液位计/水浸传感器

可在池子里安装高低位浮球或液位计或水浸传感器，监测液位情况，监控一体机采集这些数据，并根据指令作为依据，或者进行水位超高报警。

（4）水流量监测（水流量计）

在设施的出、入口部署工业级流量计，并将其与监控一体机相连接，监测流量和流速。流量计防护等级为 IP67 及以上。

（5）水质监测（在线水质监测仪）

根据需要，可在部分的出水口部署在线水质监测仪，并将其与监控一体机相连接，可实时监测出水口的氨氮、COD、总磷、pH 等水质数据。特别是在调试和紧急处理站点过程中，可根据需要临时加装 DO 或相关水质监测仪，整体控制站点的工艺运行情况，为站点达标调试参考，保证最大程度地去除污染物。

（6）电耗信息

站点能耗是站点运行的主要指标之一，站点监测包括电表或用电功率信息，这样可以直观地了解站点运行状况，可以在中心平台形成电耗、流量、工况报表，对站点运维提供参考。

（7）运维考勤

监控一体机可以自动感应电子工牌，巡维人员携带 RF 电子工牌，当人员到达现场时，可以进行自动感应考勤，记录到达和离开时间。

（8）自动报警

当站点的环保设备停止工作或者出现异常状况时（例如，气泵、水泵等设备不正常工作，水流量异常等情况），监控一体机发出报警，同时会给对应运维人员移动终端 App 发送报警信息。运维人员可以通过移动客户端接收报警，并处理与提交解除报警。报警包括：

①设备故障报警：一旦设备产生过载，会产生报警，并停止设备运行，确保设备寿命。

②水位超高报警：一旦水位超过警戒线，会产生报警。

③设备断电报警：一旦设备断电，监控一体机传输模块内置的超大电容将利用电容电量，上传断电报警信息，让中心知道设备停止运行的原因。

④设备断线报警：断线的原因可能多种多样（如 SIM 流量用完等），一旦设备断线，直接生成报警，提示解决。

⑤设备 24 h 运行报警：提升泵 24 h 运行，往往意味着终端可能出现问题（如泵损坏、管道损坏等）。

⑥设备 24 h 不运行报警：如果设备 24 h 不运行，也可能意味着终端问题（如没有水进入）。

⑦24 h 流量超高报警：24 h 内流量超过设计吨位若干倍，产生报警。

⑧水质监测超高或超低报警：水质监测在线数据一旦超过限制阀位，即产生报警。

⑨电控箱非法打开报警：一旦电控箱在没有电子工牌的情况下打开，视为非

法打开，产生报警。

⑩其他报警：其他异常情况报警。

5.1.3　动力设备运维

5.1.3.1　泵站

（1）一般规定

①泵站的运行维护应符合《恶臭污染物排放标准》（GB 14554—1993）、《声环境质量标准》（GB 3096—2008）的规定。

②水泵维修后，其流量不应低于原设计流量的 90%；机组效率不应低于原机组效率的 90%；汛期雨水泵站的机组可运行率不应低于 98%。

③排水泵站内的水位仪、流量计、开车计时器每年应校验一次。当仪器仪表失灵时，应立即修复或更换。

④泵站机、电、仪表监控设备应配备易损零配件。

⑤泵站机电设备、设施、管配件外表宜每两年进行一次除锈和防腐蚀处理。

⑥泵站内设置的易燃、易爆、有毒气体监测装置，安全阀、起重设备、压力容器等均为强制性检验设备，每年必须按规定检验，合格后方可使用。

⑦检查维护水泵、闸阀门、管道、泵房及附属设施，应经常进行清洁保养，出现损坏应立即修复，宜每隔 3 年刷新一次。

⑧防毒用具使用前必须校验，合格后方可使用。

⑨排水泵站的围墙、道路、泵房及附属设施，应经常进行清洁保养，出现损坏应立即修复，每隔 3 年应刷新一次。

⑩每年汛期前，应对泵站的自身防汛设施进行检查与维护。泵站应有完整的运行与维护记录，宜采用电子信息化管理；排水泵站应经常做好卫生、绿化与除害灭虫工作；污水处理设施的进水提升泵、搅拌泵、出水泵、回流泵等一般使用潜污泵，潜污泵通常在使用的第 3 年、第 5 年需进行彻底检查。

（2）水泵机组的日常巡检与保养

①水泵机组运行前的巡视检查应符合下列规定：

水泵机组的轴承应处于良好的润滑状态；泵体轴封机构应保持良好的密封性能；联轴器封向间隙和同轴度应符合产品技术规定；盘车时，水泵叶轮、电机转子不得有碰擦和轻重不匀现象；蜗壳式水泵，应将泵壳内的空气排尽；检查冷却水、润滑水和抽真空系统；集水池水位应满足启动泵要求；进出水管路应畅通，阀门开启应灵活；仪器仪表显示应正常；电气连接须可靠，电气桩头接触面无烧伤，接地装置有效；通电后无故障报警显示。

②干式泵房水泵机组运行中的巡视检查应符合下列规定：

水泵机组转向正确、运转平稳、无异常振动和噪声，无异常的焦味；水泵机组应在规定的电压、电流范围内运行；轴承润滑状态应保持良好；水泵机组的轴承温度应保持正常，滚动轴承温度不应超过 80℃，滑动轴承温度不应超过 60℃，温升不应大于 35℃；轴封机构不应过热，渗漏不得滴水成线；水泵机座螺栓应紧固，泵体连接管道不得发生渗漏；进、出水管阀门是否正常开启、无振动和异响；集水池水位应符合水泵安全运行的要求；格栅前后的水位差应不超过 200 mm。

③潜水泵（离心泵、混流泵、轴流泵）运行中的巡视检查应符合下列规定：

水泵机组运转平稳、无异常振动和噪声；水泵机组应在规定的电压、电流、转速、流量、扬程范围内运行；无故障报警（过载、电机过热、轴承过热、油室进水、电机进水）；

检查集水池液位计读数与集水池实际水位是否一致，水泵应保持一定的淹没深度；检查进水闸门是否保持全开，进水是否顺畅；进出水管阀门是否正常开启，无异常振动；水泵出水管道不得有振动和渗漏；格栅前后的水位差应不超过 200 mm。

④水泵停止运行的巡视检查：

轴封机构不得漏水；止回阀或出水拍门关闭时的响声应正常，柔性止回阀闭合应有效；观察泵轴惰走时间及停止状态应正常合适。

（3）电动葫芦的日常及使用前的检查与维护

①电控箱及手操作控制器应可靠；

②钢丝绳索具应完好；

③升、降限位，升、降行走机构运动应灵活、稳定，断电制动可靠。

（4）通风机的日常检查与维护

①防止进、出风倒向；

②检查通风机的运行工况；

③通风管密封完好，无异常；

④出现异声应停机检查。

（5）备用水泵机组日常检查与维护

①水泵机组应放置在干燥、通风的环境内；

②电动机绝缘应保持良好；

③内燃机工况应保持良好；

④水泵机组每月应试车一次；

⑤水泵机组每年应进行一次抽水试车，时间不少于 15 min。

潜污泵的维护检查项目及频率见表 5-2，故障原因及对策见表 5-3。

表 5-2　潜污泵的维护检查项目及频率

检查项目	检查频率				备注
	管理日	2 周	1 个月	1 年	
确认电流值	○				读取控制面板的电流表
有无异常震动、异常声音		○			如有发生则需进行维修
确认出水量		○			读取流量计
电动机的绝缘电阻				○	不到 1 MΩ 时需进行维修
更换机油/部件	更换频率				备注
	1 年	3 年	5 年	7 年	
机油	○				每年更换一次
机械密封		○	○		
垫片/密封圈		○	○		
轴承		○	○		
叶轮		○	○		
本体				○	

表 5-3 潜污泵的故障原因及对策

故障	原因	对策
动作停止	叶轮被锁住	检查有无搅进异物，如有，需去除
	电缆断裂、接触不良	更换、修理
	电动机烧毁、绝缘不良	更换
功能降低	堵塞或被异物缠绕	去除异物
	叶轮的磨损	更换
	可拆卸装置没有安装好	调整安装

5.1.3.2 鼓风机

（1）鼓风机类设备应定期更换部件，延长使用寿命，防止事故发生。

（2）鼓风机必须在使用的第 3 年、第 5 年进行彻底检查。回转式鼓风机的维护检查项目及频率见表 5-4，故障原因及对策见表 5-5。

表 5-4 回转式鼓风机的维护检查项目及频率

检查项目	检查频率				备注
	管理日	2 周	1 个月	1 年	
确认电流值	○				读取控制面板的电流表
有无异常震动、异常声音		○			如有发生则需进行维修
检查空气量、压力		○			读取测量仪器
电动机的绝缘电阻				○	不到 1 MΩ 时则需进行维修
传送带的张力、减速、损伤		○			更换
检查机油量		○			检查机油指示仪
检查有无漏油		○			注油过多或封口松懈
检查滴油嘴滴速		○			调整
检查空气滤清器		○			除灰清洗
检查三角带松紧			○		调整
检查温度、噪声	○				异常时停机检查
更换机油、润滑脂/部件	更换频率				备注
	1 年	3 年	5 年	7 年	
机油、润滑油					3 个月更换一次
压力表	○				
V 型传送带	○	○	○		

检查项目	检查频率				备注
	管理日	2 周	1 个月	1 年	
轴承		○	○		
密封、垫圈		○	○		
机油指示仪		○	○		
本体				○	

表 5-5　回转式型鼓风机的故障原因及对策

故障	原因	对策
动作停止	电缆断裂、接触不良	更换、修理
	漏电跳闸	检查漏电原因并进行维修
	由于超负荷，热敏继电器断开	检查超负荷原因并进行维修
	电动机的故障	更换、修理
鼓风机异常发热	超负荷运转	检查管道是否堵塞
	进口滤清器堵塞	清扫空气滤清器
	断润滑油	补充机油或检查供油系统
	皮带打滑	调整皮带张紧度
机油、润滑油的外漏	润滑不良	换油或清洗滴油嘴和油过滤器
	封口部分松懈	检查、维修
	机油、润滑油注入过量	调节、去除
油耗太快	超负荷运转	检查管路系统
	进口滤清器堵塞	清扫空气滤清器
	漏油	修理
	温度过高造成机油蒸发飞溅	检查原因并修好
空气量不足（不出气）	管道漏气	检查、修理管道
	进口滤清器堵塞	清扫空气滤清器
	润滑不良	清洗油嘴和油过滤器
	安全阀动作	检查动作原因、调节安全阀
	吸入侧堵塞	对吸入侧消音过滤装置等部位进行检查、清扫
	出口压力上升	检查曝气头（管）及管道、阀门等有无堵塞，如有堵塞，则需进行清除
	皮带打滑	调整张力、更换
发生异常的声音、异常的动作	皮带打滑、损坏	更换
	风机罩安装不当引起震动	重新安装风机罩固定
	电机轴承磨损	更换新轴承
	润滑不良	清洗油嘴和油过滤器

故障	原因	对策
发生异常的声音、异常的动作	出口压力上升	检查原因并进行维修
	安全阀动作	检查动作原因、进行维修
	安装不严密	检查、严密安装
	管道共鸣	检查支撑架、封口

5.1.4 管网运维

5.1.4.1 管网运维前期工作

由于管道公里数长，为了方便运维，一般对管网划分管段。由 3 个检查井组成一个管段，对其进行标注，并录入地图中。正式运维前巡查记录的内容如下：

（1）掌握管网现状及长期运行情况

特别是要详细掌握管线走向、直径、位置、埋深、工作压力，管道周围的土壤类别，地下水位，管道运行时间，检修情况，各检查井位置，各排水设备及排水点的布局情况。

（2）室外检查重点

化粪池、管道、检查井等有无被压、被挖损坏以及个别用户乱接乱改的情况，特别是在管道返修、基本建设施工的地方，更应经常巡查有无堆放的白灰、沙子、碎石等建筑材料，以防雨水将它们冲入井内或大石块损坏井盖、碰坏阀门。

5.1.4.2 日常维护

污水管网日常检查及维护内容包括：

（1）检查井表面是否有垃圾或损坏，若有，则进行清理，保持检查井表面干净完好。

（2）掀开检查井，内部是否有异物进入、污泥是否过多（不超过管径的 1/5），若发现异物进入，则需取出，若污泥过多，应报告运维小组，由其进行抽污。所抽污泥运送至专业处置场所，并做好台账记录。

（3）水流是否正常，若不正常，则应对管道进行检查。

（4）管网沿线是否有沉降，若有，应报告运维小组，由运维小组向有关部门汇报。

（5）井盖是否丢失。

5.1.4.3　维护标准

（1）管道的维护标准

管道检查项目可分为功能状况和结构状况两类，主要检查项目应包括表 5-6 中的内容。

表 5-6　管道状况主要检查项目

检查类别	功能状况	结构状况
检查项目	管道积泥	裂缝
	检查井积泥	变形
	雨水口积泥	腐蚀
	排放口积泥	错口
	泥垢和油脂	脱节
	树根	破损与孔洞
	水位和水流	渗漏
	残墙、坝根	异管穿入

注：表中的积泥包括泥沙、碎砖石、固结的水泥浆及其他异物。

（2）检查井和雨水口的维护标准

①检查井和雨水口内不得留有石块等阻碍排水的杂物。管道、检查井和雨水口的允许积泥深度应符合表 5-7 中的规定。

②雨水口日常巡视、检查的内容及标准应符合表 5-8 中的规定。

③井盖与井框间的允许误差应符合表 5-9 中的规定。

④检查井日常巡视检查的内容及标准应符合表 5-10 中的规定。

表 5-7　管道、检查井和雨水口的允许积泥深度

设施类别		允许积泥深度
管道		管径的 1/5
检查井	有沉泥槽	管底以下 50 mm
	无沉泥槽	主管径的 1/5
雨水口	有沉泥槽	管底以下 50 mm
	无沉泥槽	管底以上 50 mm

表 5-8　雨水口日常巡视检查的内容及标准

部位	外部巡视	内部检查
内容	雨水箅丢失	铰或链条损坏
	雨水箅破损	裂缝或渗漏
	雨水口框破损	抹面剥落
	盖、框间隙	积泥或杂物
	盖、框高差	水流受阻
	孔眼堵塞	私接连管
	雨水口框突出	井体倾斜
	异臭	连管异常
	其他	蚊蝇

表 5-9　井盖与井框间的允许误差　单位：mm

设施种类	盖、框间隙	井盖与井框高低差	井框与路面高低差
检查井	＜8	+5，−10	+15，−15
雨水口	＜8	0，−10	0，−15

注：路面与井盖间的高低差必须在±15 mm 内。

表 5-10　检查井日常巡视检查的内容及标准

部位	外部巡视	内部检查
内容	井盖埋没	链条或锁具
	井盖丢失	爬梯松动、锈蚀或缺损
	井盖破损	井壁泥垢
	井框破损	井壁裂缝
	盖、框间隙	井壁渗漏
	盖、框高差	抹面脱落
	盖、框突出或凹陷	管口孔洞

部位	外部巡视	内部检查
内容	跳动和声响 周边路面破损 井盖标识错误 其他	流槽破损 井底积泥 水流不畅 浮渣等

5.1.4.4　雨水口与检查井日常巡检与保养

（1）雨水口日常巡检与保养

①当发现有影响使用与养护的情况应及时进行维修。

②雨水箅更换后的过水断面不得小于原设计标准。

③雨水口的清掏宜采用吸泥车、抓泥车等机械设备。

（2）检查井盖和雨水箅的保养

①井盖和雨水箅的选用应符合表5-11中的标准规定。

表5-11　井盖和雨水箅技术标准

井盖种类	标准名称	标准编号
铸铁井盖	《铸铁检查井盖》	CJ/T 3012
混凝土井盖	《钢纤维混凝土井盖》	JC 889
塑料树脂类井盖	《再生树脂复合材料检查井盖》	CJ/T 121
塑料树脂类水箅	《再生树脂复合材料水箅》	CJ/T 130

②铸铁井盖和雨水箅宜加装防丢失的装置，或采用混凝土、塑料树脂等非金属材料的井盖。

③井盖的标识必须与管道的属性相一致。雨水、污水、雨污合流管道的井盖上应分别标注“雨水”“污水”“合流”等标识。

④在发现井盖缺失或损坏等事故后，排水管网维护管理单位应当在事故发生或接到投诉2 h内到达现场，组织抢修，必须及时安放护栏和警示标志，并应在8 h内恢复（养护时间另计）。

⑤检查井的清掏宜采用吸泥车、抓泥车等机械设备。

5.1.4.5 管道定期巡检和保养

（1）管道定期巡检

排水管道应定期巡查，管道巡查管理的内容包括污水冒溢，晴天雨水口积水，检查井井盖、井座的完好状况，违章占压、违章排水情况，水位水流情况，管道淤积情况及管道塌陷情况，同时还要定期进入管道内检查，检查管道有无变形、渗漏、腐蚀、沉降、树根、结垢等情况。

①移交接管检查：包括渗漏、错口、脱节、积水、泥沙、碎砖石、固结的水泥浆、未拆清的残墙、坝根等。

②应急事故检查：包括渗漏、裂缝、变形、错口、脱节、积水等。

管道检查可采用人员进入管内检查、反光镜检查、电视检查、声呐检查、潜水检查或水力坡降检查等方法。各种检查方法的使用范围应符合表 5-12 中的要求。

表 5-12 管道检查方法及适用范围

检查方法	中小型管道	倒虹管	检查井
人员进入管内检查	—	—	√
反光镜检查	√	—	√
电视检查	√	√	—
声呐检查	√	√	—
潜水检查	—	—	√
水力坡降检查	√	√	—

注：“√”表示适用。

①人员进入管内检查：宜采用摄影或摄像的记录方式。

②以结构状况为目的的电视检查：在检查前应采用高压射水将管壁清洗干净。

③声呐检查：检查时管内水深不宜小于 300 mm。

④水力坡降检查：在水力坡降检查前应查明管道的管径、管底高程、地面高程和检查井之间的距离等基础资料；水力坡降检测应选择在低水位时进行。泵站

抽水范围内的管道也可从开泵前的静止水位开始，分别测出开泵后不同时间水力坡降线的变化；同一条水力坡降线的各个测点必须在同一个时间测得；测量结果应绘成水力坡降图，坡降图的竖向比例应大于横向比例；水力坡降图中应包括地面坡降线、管底坡降线、管顶坡降线以及一条或数条不同时间的水面坡降线。

（2）倒虹管的养护

①倒虹管养护宜采用水力冲洗的方法，冲洗流速不小于 1.2 m/s。在建有双排倒虹管的地方，可采用关闭其中一条、集中水量冲洗另一条的方法。

②过河倒虹管的河床覆土不应小于 0.5 m。在河床受冲刷的地方应每年检查一次倒虹管的覆土状况。

③在检修过河倒虹管前，若需要抽空管道，必须先进行抗浮验算。

（3）压力管的养护

①定期巡视，及时发现和修理管道裂缝、腐蚀、沉降、变形、错口、脱节、破损、孔洞、异管穿入、渗漏、冒溢等情况。

②压力管养护应采用满负荷开泵的方式进行水力冲洗，至少每三个月一次。

③定期清除透气井内的浮渣。

④保持排气阀、压力井、透气井等附属设施的完好有效。

⑤定期开盖检查压力井盖板，发现盖板锈蚀、密封垫老化、井体裂缝、管内积泥等情况应及时维修和保养。各种疏通方法的使用范围见表 5-13。

表 5-13　管道疏通方法及使用范围

疏通方法	小型管	中型管	倒虹管	压力管	盖板沟
推杆疏通	√	—	—	—	—
转杆疏通	√	—	—	—	—
射水疏通	√	√	√	—	√
绞车疏通	√	√	√	—	√
水力疏通	√	√	√	√	√
人工铲挖	—	—	—	—	√

注：“√”表示适用。

（4）管道清疏

根据管道的巡查情况，组织人员定期进行捞渣、清除淤泥等作业，以保证管道积泥深度不超过管径的1/4。管道疏通可采用推杆疏通、转杆疏通、射水疏通、绞车疏通、水力疏通等方法。

（5）管道维修

管道维修的内容包括检查井及其盖座的维修更换、局部管道的更新改造、补漏等。管道开挖修理应符合《给水排水管道工程施工及验收规范》（GB 50268）的规定。

5.1.4.6 排放口日常巡检和养护

（1）岸边式排放口的检查与养护

①定期巡视，及时维护，发现并制止在排放口附近堆物、搭建、倾倒垃圾等情况。

②排放口挡墙、护坡及跌水消能设备应保持结构完好，如发现裂缝、倾斜等损坏现象应及时修理。

③埋深低于河滩的排放口应在每年枯水期进行疏浚。

④排放口管底高于河滩 1 m 以上时，应根据冲刷情况采取阶梯跌水等消能措施。

（2）离岸式排放口的检查与养护

①排放口周围水域不得进行拉网捕鱼、船只抛锚或工程作业。

②排放口标志牌应定期检查和补漆，保持结构完好，字迹清晰。

③离岸式排放口宜采用潜水检查的方法了解河床变化、管道淤塞、构件腐蚀和水下生物附着等情况。

④离岸式排放口应定期采用满负荷开泵的方法进行水力冲洗，保持排放管和喷射口的畅通，每年冲洗的次数不应少于两次。

5.1.4.7　管网修复

常用的维修方法包括人工清淤、开槽施工、破出混凝土技术、开挖修复技术（内衬修复）。

（1）管道堵塞

①水力清通，使用水力冲洗车或高压射水车对管道进行冲洗，将上游管道中的污泥排入下游检查井，然后用吸泥车抽吸运走。

②机械清理，当管道淤堵严重，淤泥已黏结密实，水力清通的效果不好时，需要采用机械清通方法。

（2）管道变形、沉陷

管道变形、沉陷的主要原因是管道施工基础受到扰动或回填密实度不够，造成局部变形或沉陷，这样会破坏坡度，因此一经发现必须积极采取措施，对变形管线的基础可采用全面注水灌砂加强管基法或对局部严重变形的部位进行开挖、然后加固。

（3）管道脱节、断裂

对上游井进行堵闭，采用污水泵将上游污水抽入下游井或临时引入到雨水井系统，进行开挖并检查其破坏的严重程度，可采用内衬法修补，即用 HDPE 内衬于脱节或断裂的管道中，进行加热来修补。

5.1.5　终端设施运维

5.1.5.1　站点巡查情况

包括进水格栅井、终端处理设施、出水井、人工湿地、站点整体环境巡查。每年由专业人员对终端治理设备进行两次彻查与清理，并检查曝气装置及潜污泵等，有老化、损毁发生时进行清洗或更换。

表 5-14　各站点构筑物与处理单元日常检查与维护

构筑物	检查内容	维护内容	周期
进水池	进水水质沉淀池上的浮渣	排砂除渣（耙子）	每半个月一次
格栅井	① 格栅及格栅井检查贮留部漂浮物和积存； ② 格栅完好情况； ③ 检查管道连接处是否漏水； ④ 栅条是否变形； ⑤ 检查维修格栅或网兜	① 去除污物、粪块； ② 清理贮留部泥沙； ③ 修理、更换格栅、管道； ④ 检查格栅井，若无污水，则必须检查前期的管网、检查井等是否存在破损、渗漏等现象。如发现异常，及时把发现的问题反馈主管部门（村委或乡镇）； ⑤ 清理出来的污物应妥善处理； ⑥ 栅条、网兜如有损坏，应予以维修或更换； ⑦ 工具：耙子、勺子、刷子	每半个月一次
集水池	① 检查泵叶轮； ② 定期检查水泵、阀门填料或油封密封情况； ③ 检查集水池液位控制器及其信号转换装置； ④ 检查管道连接处是否漏水； ⑤ 检查浮球开关动作； ⑥ 检查提升泵电流状态	① 根据进水量的变化和工艺设计情况，调节水量，保证处理效果； ② 清除泵叶轮堵塞物； ③ 检查水泵、阀门填料或油封密封情况，并根据需要添加或更换填料、润滑油、润滑脂； ④ 若管道处漏水则进行修复； ⑤ 捞出的浮渣和清运出的污泥纳入生活垃圾收集处理系统无害化处理； ⑥ 工具：电流表、螺丝刀、榔头、扳手、勺子、耙子等	每半个月一次
出水井	① 检查出水是否清澈无异味； ② 检查出水流量是否正常； ③ 检查井盖是否完好； ④ 检查排水是否通畅； ⑤ 检查积泥是否过高	① 清理管道，清理底部积泥； ② 取出水水样 1 瓶； ③ 现场检查 COD、氨氮、TP、pH 等参数； ④ 工具：耙子、水管等	每半个月一次
厌氧池、好氧池	① 测定浮渣厚度和污泥堆积量； ② 判断污泥清扫时间； ③ 目视有无异常进水，根据水位判断填料是否堵塞； ④ 检查有无蚊蝇害虫和臭气	清扫浮渣，适时抽吸污泥外运，适时更换填料	每半年一次

5.1.5.2　检查设备情况

每周对主要设备、主要附属构筑物及标识标牌按照设备检修记录进行检查，检查出现问题，现场进行维护，维护完成或者没有维护完成，都在智能水务手机控制屏幕上点击“检查保养”进行注明。

5.1.5.3　站点日常工艺检查

（1）定期检查污泥颜色是否正常，一般正常污泥颜色呈褐色，有泥土气味；曝气时，污水泡沫不多，且较容易破裂。若污泥颜色发黑、发臭、污水泡沫增多、不易破碎，则处理效果可能较差，甚至出水超标（原因主要有曝气不足、进水 COD 偏高、生化不充分、污泥龄短、污泥负荷高等），应针对问题一一排查。

（2）若使用电控设备，应根据设计水量耗电、实际处理水量耗电的比较，以及日常运行耗电量的积累，判断各设施耗电量的正常范围，过低或过高均应排查原因。

表 5-15　常见问题与解决措施汇总

问题	原因	解决措施
活性污泥呈灰黑色、污泥发生厌氧反应，污泥中出现硫细菌，出水水质恶化	① 负荷量增高； ② 曝气不足； ③ 工业污水的流入等	① 控制负荷量； ② 增大曝气量； ③ 切断或控制污水的流入
① 污泥上浮； ② 在沉淀后的上清液中含有大量的悬浮微小絮体，出水透明度下降	① 污泥解体； ② 曝气过度； ③ 负荷下降，活性污泥自身氧化过度	减少曝气量
硝化效率下降	流入污水碱度不足或呈酸性，因曝气池供氧不足或系统排泥量太大	适量投加石灰
泥、水界面不明显	① 高浓度有机废水的流入，使微生物处于对数增长期； ② 污泥形成的絮体性能较差	① 降低负荷； ② 增大回流量以提高曝气池中的 MLSS，降低 F/M 值

问题	原因	解决措施
污泥膨胀	① 丝状菌性膨胀：主要是由于丝状菌异常增殖而引起的，主要的丝状菌有：球衣菌属、贝氏硫细菌以及正常活性污泥中的某些丝状菌，如芽孢杆菌属等及某些霉菌； ② 高黏性污泥膨胀：低的 MLSS，高的 BOD 负荷	① 加杀菌药剂：杀灭丝状菌，如投加氯、臭氧、过氧化氢等药剂； ② 加化学药剂：改善提高活性污泥的絮凝性，投加絮凝剂，如硫酸铝等； ③ 加化学药剂：改善提高活性污泥的沉降性、密实性，投加黏土、消石灰等； ④ 加强曝气：加大回流污泥量并在其回流前进行再生性曝气； ⑤ 加强曝气：考虑调节水温；水温低于 15 ℃时易发生高黏性膨胀；而丝状菌膨胀多发生在 20℃以上

（3）若使用微孔曝气装置，应进行空气过滤，并应对微孔曝气器、单孔膜曝气器进行定期清洗。

（4）经常检查与调整曝气池配水系统和回流污泥的分配系统，确保进行各系列或各曝气池之间的污水和污泥均匀。

（5）注意观察曝气池液面翻腾状况，检查是否有空气扩散器堵塞或脱落情况，并及时更换。

（6）水质分析：水温、SS、pH、COD、NH_3-N、TP、TN。

5.1.6 冬季运行维护注意事项

5.1.6.1 管道及阀门

（1）管道应尽可能敷设在冰冻线以下，对于露出地面的室外污水管道、污泥管道、空气管道、阀门等应采取保温措施。冬季存有液体的管道，应设置排水阀。

（2）应在冬季来临之前，检查室外的阀门等，在结合部涂抹适用于低温的润滑脂。

（3）设置在室外的阀门应做保温处理。在冬季来临前，把草垫放入阀门井内，防止阀门冻裂，阀门使用完毕后盖好草垫。放入草垫前应清空阀门井内积水，并检修阀门，防止漏水。

（4）操作完毕后应立即将阀门井盖盖严。

5.1.6.2 仪表与设备

（1）仪表、设备应尽可能设置在室内。

（2）室外的电气设备会因积雪、融雪等原因造成绝缘电阻下降，应随时测量电阻值，及时进行检修和保养。

（3）冬季应使用适用于低温的润滑油。

（4）冬季皮肤较为脆弱，作业时尽量佩戴工作手套，以免出现碰伤、冻伤现象。

（5）冬季由于低温影响，电气元件塑料外壳极易碎裂，螺丝紧固时应特别注意，避免用力过大致使元器件损坏。

（6）能够在室内检修的设备尽量不要在室外检修。

5.1.6.3 冬季管理

（1）应制订冬季管理计划，计划中应增加设施的检查次数，特别要注意设施的防冻、防滑措施，当温度异常降低时，管理上应特别注意。

（2）在冬季来临前，应对设备进行全面的维护保养与检修，包括加润滑油、更换易耗品等，大修工作尽量在11月前完成，特别是对工艺有重要影响的设备，应提前检修。

（3）所有的设备宜连续运行，各构筑物不允许放空，避免池体出现问题。

（4）如有供暖设备，应保证供暖设备正常运行。

（5）对易堵塞的污水管道、格栅井、集水井等应在入冬前做一次彻底疏通和清理。

（6）冬季潜流人工湿地应采取地膜、植物（收割的秸秆、芦苇等）联合覆盖的保温措施。

（7）如遇大雪低温天气，应加强对外部线路的巡视，主要检查绝缘层有无冻裂或进水现象。

5.1.7 水质超标建议措施

根据实际情况，分析出水水质超标原因。表 5-16 为农村生活污水水质超标可能原因及建议措施，仅供各地参考。

表 5-16 农村生活污水水质超标可能原因及建议措施

序号	超标水质	可能原因	建议措施
1	COD	餐厨废水过多、屠宰废水混入；未设化粪池	调节设备运行参数、投加成熟活性污泥；对收集管道进行排查，找出混入段，并及时上报主管部门，积极配合相关整改；无化粪池的建议增加化粪池等
2	NH_3-N	只接入化粪池废水	调节设备运行参数、投加成熟活性污泥；对进户管进行巡查，如发现未接餐厨废水和洗涤废水的情况，及时上报主管部门，积极配合相关整改
3	TP	外来临时务工人员增加等，使洗涤废水增多	调节设备运行参数、投加成熟活性污泥；及时上报主管部门，积极配合站点改造
4	COD NH_3-N	农家乐、民宿等接入站点较多，远超设计负荷	调节设备运行参数、投加成熟活性污泥；及时上报主管部门，农家乐增加隔油池，积极配合站点改造
5	COD TP	农家乐、民宿等接入站点较多，远超设计负荷	调节设备运行参数、投加成熟活性污泥；及时上报主管部门，农家乐增加隔油池，积极配合站点改造
6	NH_3-N TP	农家乐、民宿等接入站点较多，远超设计负荷	调节设备运行参数、投加成熟活性污泥；及时上报主管部门，农家乐增加隔油池，积极配合站点改造
7	COD NH_3-N TP	农家乐、民宿等接入站点较多，远超设计负荷；有其他废水进入；常住人口远超设计人口	调节设备运行参数、投加成熟活性污泥；及时上报主管部门，农家乐增加隔油池，积极配合站点改造

5.2 污泥处理与处置

污水处理工艺的选择需要考虑污泥的产生量与处理成本。采用生物法处理污水产生的剩余污泥应定期处理和处置。污泥处理与处置应符合减量化、稳定化、无害化的原则，根据当地条件选择农村适宜的污泥处理设施与处置方式。满足农用标准的污泥，宜优先就近土地利用。当产生的污泥量较少时，可将污泥返回到化粪池或厌氧池等污水处理设施中进行存储，定期外排。当产生的污泥量较多时，宜单独进行污泥的处理与处置。污泥处理设施可与污水处理设施合建，也可分散设施联合集中处理。

污泥处理可采用自然干化、堆肥，也可进入市政系统与市政污泥一并处理。在采用好氧堆肥处理时，堆肥时间宜在 15 d 以上。采用传统厌氧堆肥时间宜在 3～6 个月，温度接近常温。机械化厌氧堆肥宜保持中温 30～40℃和高温 50～55℃，时间宜保持在 15～20 d。

5.3　污水处理设施出水水质监测

排水口水质是评价农村生活污水处理设施运行成效的重要参考指标。根据《农业农村污染治理攻坚战行动计划》《全国农村环境质量试点监测工作方案》等文件要求，加强对农村日处理能力 20 t 及以上的农村生活污水处理设施出水口的水质监测。

5.3.1　监测频率和采样要求

参考《关于加强“以奖促治”农村环境基础设施运行管理的意见》要求，结合经济技术可行性，规定与当地农村条件相适应的污染物监测频次和采用时间等要求。对日处理能力 100 t 以上的污水处理设施，每季度至少监测一次；对日处理能力 20～100 t 的污水处理设施，每年至少监测一次。

处理设施应在出水端设置采样井，并在进、出水位置设置明显的取样口标志，出水口还应设置排污口标志。采样井的位置应避免雨季和洪水季节自然水体的倒灌。

5.3.2 监测项目

必测项目为：化学需氧量（COD_{Cr}）、pH、悬浮物（SS）。各地可根据当地农村生活污水处理排放标准中涉及的控制指标确定其他监测项目。

出水直接排入GB 3838地表水Ⅱ类、Ⅲ类功能水域、GB 3097二类海域及村庄附近池塘等环境功能未明确的水体，还应增加氨氮（NH_3-N，以N计）监测；出水排入封闭水体，还应增加总氮（TN，以N计）和总磷（TP，以P计）监测；出水排入超标因子为氮磷的不达标水体，还应增加超标因子相应的监测项目；提供餐饮服务的农村旅游项目生活污水处理设施，还应增加动植物油监测。

5.4 农村生活污水处理设施运行管护模式

农村生活污水处理设施运行管护模式主要有属地（村镇）自行管护、第三方运行管护和建设运行一体化三种模式。

5.4.1 属地（村镇）自行管护模式

一些经济发展水平不高、污水治理刚起步或者设施较为分散的村镇，通常选择属地自行管护模式。由于村镇对污水处理设施运维管护重视不够，同时村民缺乏污水处理工艺及设施专业知识，设施出现故障无法自行解决，容易被遗弃荒废。通过对太湖流域污水处理设施运行情况的调查发现，这种模式下，设施非正常运行的情况较为普遍，设施维护期间需要定期跟踪检查，加强相关技术培训和专业指导。

5.4.2　第三方运行管护模式

一些经济发展水平较高、工作基础较好的地区，大力推行农村生活污水处理设施第三方运行管护模式。该模式为政府部门与专业化公司签订委托协议，在协议规定的期限内，以县区或乡镇为单位对农村生活污水处理设施进行连片打包，统一运行管理。具体又可分为政府购买服务、设施租赁服务等多种形式。

5.4.2.1　政府购买服务模式

政府购买服务模式较为常见，一般是由政府投资建成农村生活污水处理设施，委托第三方（具备专业能力的企业或事业单位）进行运行维护；地方政府或村集体拥有设施产权，并对设施运行情况进行监督管理，根据污水治理的绩效向第三方支付费用。

5.4.2.2　设施租赁服务模式

设施租赁服务模式是重庆等地区探索出来的一种新型市场化运作模式，由村镇委托第三方公司以租赁设施的形式，对污水进行达标处理并支付相关处理费用；污水处理设施产权归第三方，政府或村镇作为业主，根据治理效果支付污水处理费用，也可以根据实际情况移除设施，合作形式更为灵活。采用第三方运行管护明显提高了地方农村生活污水处理的专业化水平，有利于设施长效运行。

5.4.3　建设运行一体化模式

建设运行一体化模式将设施建设与后期运行一体化捆绑，项目所在地政府根据运行绩效分期向企业拨付项目资金，有利于督促企业确保污水处理设施有效运行。例如，2015 年以来，常熟市采取建设—运行—管护一体化的模式，就农村生活污水处理设施项目与企业签订特许权协议，授权签约方企业承担该项目的投资

（融资）、建设和维护，在协议规定的特许期限内，许可其建设和经营特定设施，回收投资并赚取利润。政府对基础设施建设和运行有监督权和调控权。特许期满后，签约方的企业将该设施无偿或有偿移交给政府部门。

5.5 浙江省污水处理设施典型经验做法

5.5.1 浙江“五位一体”运维管理体系

针对农村生活污水处理设施缺乏专业的人才来管理、维护、监管的问题。浙江建立以县级政府为责任主体、乡镇（街道）为管理主体、村级组织为落实主体、农户为参与和受益主体、运维机构为服务主体的“五位一体”运维管理体系。

浙江省“五位一体”运维管理体系模式架构见图5-1。

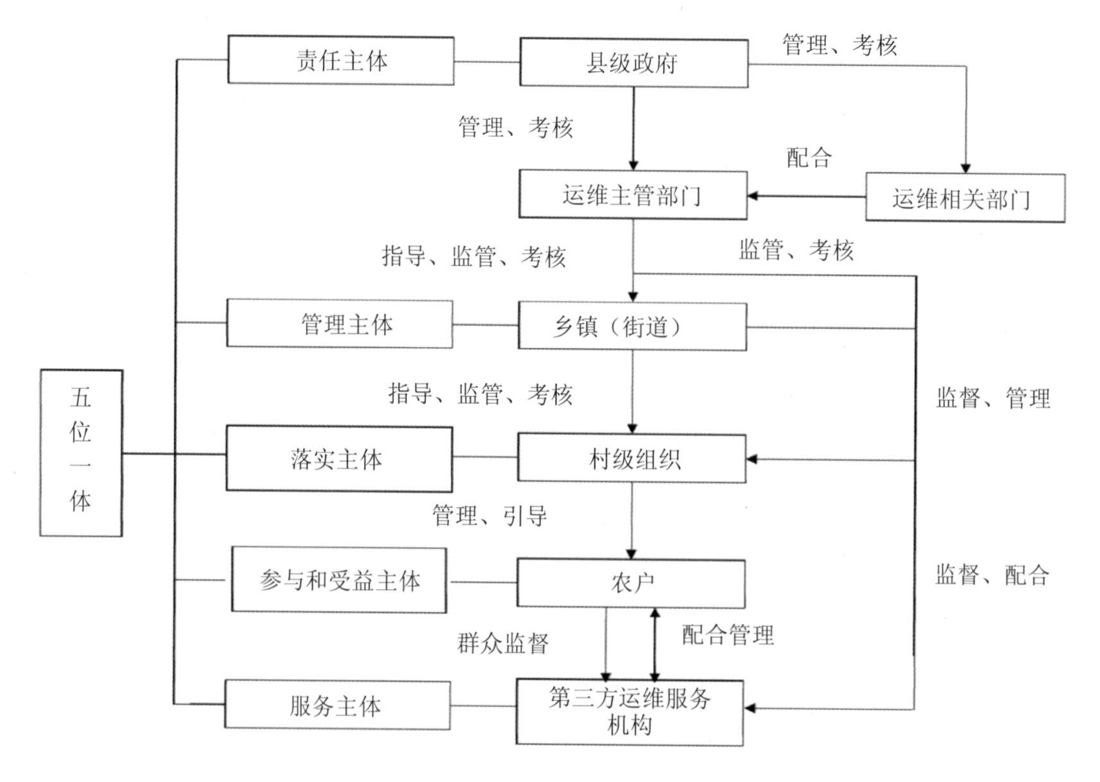

图5-1 浙江省“五位一体”运维管理体系

县级政府部门主要负责建立管理制度、制定目标、考核依据等监督管理工作，按照“企业运营、政府监管”的原则，鼓励第三方运维机构按照技术托管和总承包方式开展区域化运维管理服务，对已建成投用的农村生活污水处理设施采取分区域打包等方式，通过市场化择优选择特许经营主体第三方专业化统一负责运行维护；成立相关主管部门负责日常管理监督考核工作，依据污水处理设施运行结果，向运行单位支付运行费用，并指导相关单位开展日常工作。

乡镇政府（街道办事处）作为治理设施运维管理的管理主体，是治理设施的业主或产权单位。负责本行政区域内治理设施运维管理工作的组织管理，制定运维管理的日常工作制度和管理办法，加强对村（社区）和第三方运维服务机构的监督管理，做好运维管理信息上报。具体职责包括：制订年度运维管理工作计划；筹措治理设施运维管理资金，制订日常运维经费使用方案；配合第三方机构开展运维工作，参与或负责对第三方运维服务机构的监督考核；制订对村级组织的考核办法并组织考核，与行政村签订目标责任书；定期进行巡查，指导督促村级组织和农户按各自职责开展日常运维管理；组织村级管理人员和运维人员进行专业培训；设立投诉电话并有专人负责受理、记录，督促相关责任单位进行整改。

村级组织按照乡镇政府的要求，组织开展农村生活污水处理设施日常运行和维护管理，协助第三方专业服务机构开展日常运行维护，特殊情况下向第三方专业服务机构提出维修维护需求，并负责完成农村生活污水处理设施日常运行、养护、突发维修等工作记录。

农户积极参与农村生活污水处理设施的日常运行维护、设施保护等工作，负责在设施不能正常运行时及时向村级组织提出维修维护申请。

第三方运维机构按照与县级政府主管部门签订的合同要求开展标准化运维。建立完善的日常巡视检查、维护、维修及设施运行状况等在内的运行维护记录，定期报送相关监督考核主管部门备查，接受相关部门监督。推动农村生活污水处理设施运维管理信息化、网络化建设，定期公开有关运行维护信息，提高运维管理效率，同时接受公众监督。具体要求如下：

（1）建立完善的组织管理机构，制定相应的管理培训、岗位职责、操作规程、日常巡查、故障处理、档案收集等相关制度，由专人负责管理，配备专业运维技术人员负责运维管理，包括：配备运维总负责人、每个乡镇（街道、办事处）配备负责人、专业技术人员（工程师）、监控平台及资料信息管理人员、专业维修人员、电工、污水检测人员（有资格证书）、各乡镇（街道、办事处）的巡查、维护人员，根据运维工作量确定。

（2）建有水质检测实验室的应定期开展终端处理设施的水质水量检测。根据项目所在地管理部门的要求及现场实际情况，开展日常监测和运行维护工作，并做好巡查记录。

（3）建设在线监控平台，安装现场监控设备，每天至少一次检查各站点的联网数据情况。同时配备污水管道和污水处理设施运维专用设备，包括维护车、小型吸污车、高压清洗泵车、大型吸污车、挖掘机、运载车、管道试压机、管道机器人、管道疏通车。常年备有充足的各种耗材备品、备用整机和关键部件，能确保备品备机及时更换。

（4）建立农村生活污水治理运维管理信息库。主要内容为项目信息资料和队伍人员资料。项目信息资料包括工程验收移交资料、终端处理设施基本情况、受益农户基本情况、日常运维巡查资料、故障处理资料、水质水量检测报告等。队伍人员资料包括管理人员资料、运维人员资料、巡查人员资料等。

（5）设立并公开应急投诉电话，能够及时响应公众对农村生活污水处理设施运行情况的投诉，对通过在线监测平台发现、乡镇书面送达以运维工作群反馈的异常情况，要求在 1 h 内响应、运维人员在 6 h 内到达现场处置，对一般故障要求 24 h 内恢复并正常运行，对不易诊断或维修的故障，要求在 72 h 内恢复并正常运行。

（6）定期向主管部门报告设施运维管理情况。每月 10 日前向乡镇（街道、办事处）提交所有运维站点的运维情况自查报告，同时报区级主管部门备案，每年 7 月底和下一年 1 月底前，向区级主管部门提交半年度和年度运维报告。

5.5.2　农村生活污水处理设施监管平台建设

浙江省杭州市余杭区建设区级农村污水治理设施监管平台及现场站点，实时掌握农村生活污水治理设施运行动态。余杭区总面积 1 228.41 km^2，辖 6 个镇、14 个街道。

5.5.2.1　建设内容

（1）提供可容纳余杭区现有或将建设的所有站点的农村生活污水处理工程智能化管理平台一套；

（2）污水处理站点设备的建设采取分步实施的原则，总体进度根据农村生活污水处理站点工程的进度进行安排。

（3）对已建农村生活污水处理设施先行开展站房在线监测站点建设和站点智能信息化建设。

（4）新建系统采取“谁建设、谁维护”的基本原则，考虑到信息化系统更新换代及损耗等因素，新建系统必须满足未来三年的正常使用。

（5）做好和市级平台的数据联网工作。

5.5.2.2　实现功能

利用农村污水处理设施进口水量、出口水质、耗电量的在线监测，掌握全区农村污水处理设施运行情况。通过对巡查巡测情况的管理，实现余杭区水务管理办公室对农村污水处理设施的运营监管和数据统计，为促进全区农村污水处理和再生水设施建设，规范运营管护，提高运行效率，有效保障余杭区水环境安全提供技术支撑。

（1）实现农村污水处理设施的进口水量、出口水质、耗电量的在线监测及重点设备运行状态监控、重要位置视频监控。

（2）实现农村污水处理设施运行监测管理，实现对农村污水处理设施基本信息的收集管理、对农村污水处理设施运营监督管理。

图 5-2　农村污水治理设施监管平台中控室

5.5.2.3　建设成本

建设成本见表 5-17。

表 5-17　建设成本一览表

序号	项目名称	单位	数量	单价/万元	总价/万元
1	农村生活污水管控系统开发	套	1	38	38
2	智慧管控中心硬件建设及监控显示大屏建设	套	1	124	124
3	水质在线监测标准化站房	套	22	36.5	803
4	站点智能信息化建设	套	81	2.41	195.21
5	合计				1 160.2

5.5.3　农村生活污水处理设施运维管理平台建设

运维管理平台是一个横跨 IT、通信、管理等数个专业的系统化产品，涉及数采仪、控制器等各类专业化硬件产品的生产和技术对接工作，建设一套完整的运维平台，需要投入大量的人力、物力，绝非一朝一夕之事。浙江省内农村生活污水处理设施运维企业数量众多，企业规模大小不一，企业经济实力参差不齐，除了少量较大规模的运维企业具有自主知识产权的运维管理平台外，大部分运维企业采用采购第三方商业平台（包含硬件）或者直接租赁第三方商业平台的模式运营，帮助企业提升运维服务水平。

5.5.3.1　建设内容

建设内容包括智慧云控制柜（数据采集仪或远程控制器）、PC 端软件、微信端软件。系统架构如图 5-3 所示。

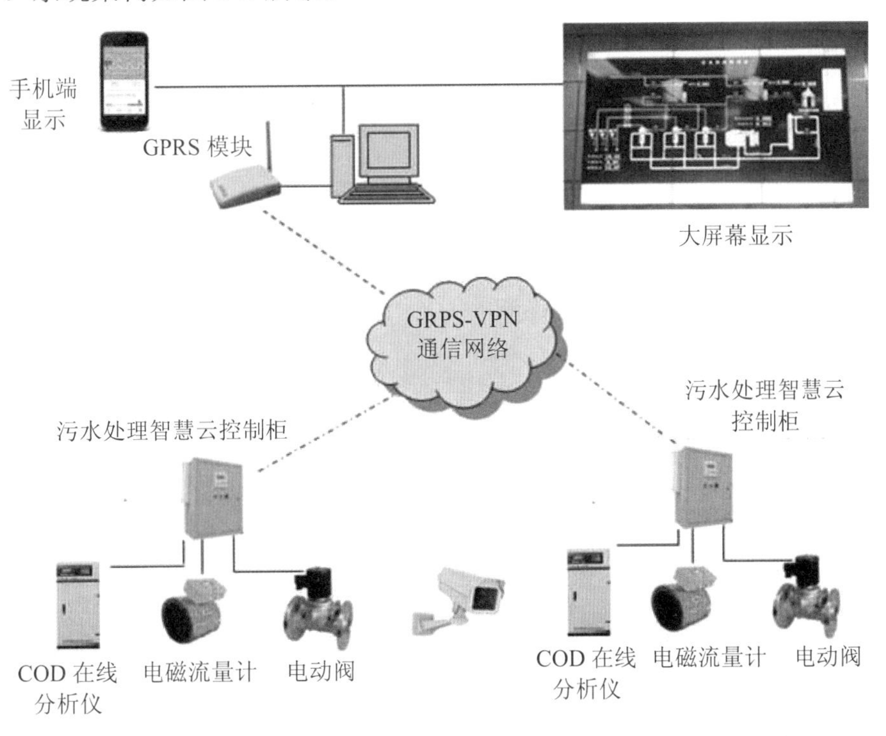

图 5-3　浙江省某农村生活污水治理运维企业信息管理系统架构

5.5.3.2 实现功能

平台立足于农村污水设施运维要求以及政府监管需求进行研发，主要提供在线管理服务，用户可以通过电脑或手机随时随地查看站点设备及水质运行情况，监督污水处理设施运行状况，并通过线下运维操作进行线上管理。平台主要由以下 10 个功能模块组成：①站点管理；②人员管理；③运维车辆 GPS 管理；④在线监测；⑤取样检测；⑥视频监控；⑦档案管理；⑧工单管理（报修单、巡检单）；⑨数据报表；⑩监管平台接口。

平台建设完成后有两种运营模式：

（1）公有云模式：平台由协会统一投资建设管理，部署于公有云，运维企业通过租赁形式使用该平台，企业只需提供台账信息，项目上线、参数设置、数据上传等其他所有工作由协会负责实施；

（2）私有云模式：对于有特殊要求的运维企业提供私有云部署服务，部署于企业服务器或专网内，平台由运维企业自己管理或委托协会进行维护。

第 6 章　典型地区农村生活污水治理案例

结合我国不同地区自然环境、气候环境、地形地貌因素，将全国分为山地丘陵地区、平原地区、缺水地区、高寒地区、生态环境敏感地区五类地区。针对地区特点筛选总结污水治理的典型经验做法。

6.1　山地丘陵地区

我国西南地区及中南和东南部分地区山地丘陵较多，涉及贵州、云南、四川、重庆、湖南、江西、福建等省份。该地区人口居住分散，地形复杂，多为河流源头，生态环境较好，经济欠发达。污水处理应选择工程投资较低、设施运行费用较低、便于运行管理的技术，并综合考虑污水治理与利用相结合；在对水环境要求较高的农村，应采用生物生态结合的工艺。

6.1.1　“三格式化粪池+农田灌溉”

（1）工程概述

福建省福州市晋安区寿山乡溪下村，采用“三格式化粪池+农田灌溉”工艺处理粪便并资源化利用，每户化粪池规模为 1.5 m^3。出水基本可达到《农田灌溉水质标准》（GB 5084—2005），用于农田灌溉。

（2）工艺原理及流程

粪便进入化粪池，顺流一池到三池。粪池内自下向上依次形成粪渣、粪液和粪表层。在厌氧条件下，经微生物发酵降解而产生沼气和氨气等气体的生物化学过程。含氮有机物所产生的游离氨，能透过细胞膜和卵壳将致病菌和虫卵杀死，达到粪便无害化的目的。工艺流程如图 6-1 所示。

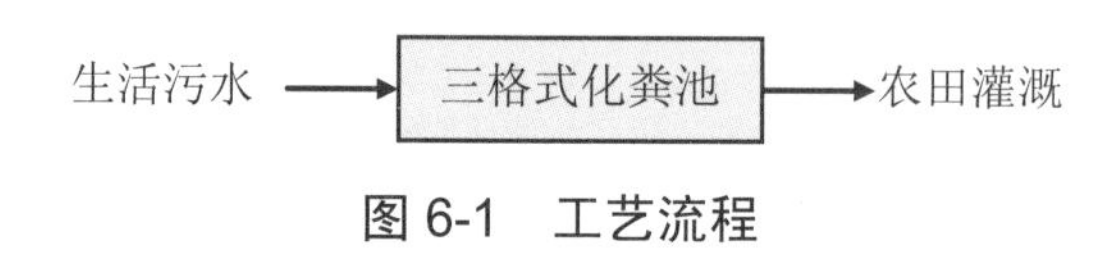

图 6-1　工艺流程

（3）建设运维

单体容积为 1.5 m^3 的三格式化粪池，可以供 3 人使用，总投资为 1 000～2 000 元/座，无运行电费。

（4）工艺特点

适合较为分散的房屋处理少量生活污水。经过三格式化粪池处理后的污水，对 COD_{Cr}、BOD_5 和 SS 等常规性指标有大约 50%的处理效果，粪便无害化效果较好，能去除大部分寄生虫卵及病菌，控制蚊蝇滋生。

图 6-2　溪下村“三格式化粪池+农田灌溉”实景照片

6.1.2 “三格式化粪池+稳定塘+农田灌溉”

（1）工程概况

福建宁德福安市溪潭镇廉村，采用“三格式化粪池+稳定塘+农田灌溉”污水处理工艺处理生活污水。廉村鹤池（池塘）历史上是全村的防火水池，也是过去村的生活污水集中排入区，水质比较差。2017 年将“鹤池”改造成稳定塘作为廉村污水处理系统，并在塘边做休闲栈道，总面积 3 500 m^2，成为村民观光休闲的好去处。

（2）工艺原理及流程

农户生活污水经过每家每户的三格式化粪池初步处理后，再通过村污水管道进入稳定塘进行技术处理，稳定塘处理后的污水能够达到《农田灌溉水质标准》（GB 5084—2005），充分利用污水的水肥资源，用于农田灌溉。工艺流程如图 6-3 所示。

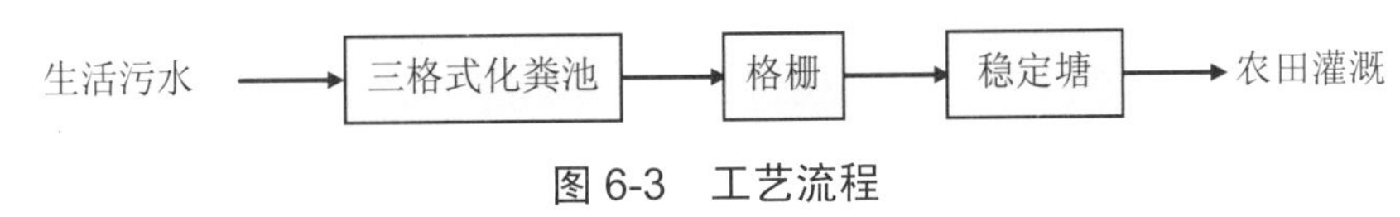

图 6-3　工艺流程

（3）工艺特点

利用农村废弃池塘和农田回用的空间、生态优势，将污水变成资源，改善了环境。

图 6-4　廉村“三格式化粪池+稳定塘+农田灌溉”实景照片

6.1.3 “多级生态植物滤床”

（1）工程概况

浙江省衢州市开化县华埠镇金星村，是浙江省“山区生态优化平衡村”试点村，采用多级生态植物滤床工艺处理生活污水。设计处理规模达 30 m^3/d，服务人口 460 人（132 户），工程总投资约 48 万元，其中设计、监理费 2 万元，设备及安装费 19 万元，土建费用 27 万元。工程于 2018 年 10 月开始实施，历时三个月左右于 2019 年 1 月底完工。项目占地约 280 m^2，出水可达到《城镇污水处理厂污染物排放标准》（GB 18918—2002）一级 B 标准。

（2）工艺原理

多级生态植物滤床工艺，由一级好氧滴滤型生物滤床、二级生态协同净化滤床和三级高效锁磷滤床组成。污水进入一级好氧滴滤型生物滤床内，通过滤床顶部滴滤布水系统和底部自增氧系统使得整个生物滤床形成一个连续的下向水相、上向气相、载体固相三相环境；经上层滤床自充氧后的污水部分回流至厌氧池进行反硝化处理，部分污水自流进入二级生态协同净化滤床，通过滤床布水系统、级配滤料、生态植物形成协同净化环境；污水经集水布水系统自流进入三级高效锁磷滤床，通过滤床中高效锁磷、固磷材料形成一个强化去磷环境。多级生态滤床集传质、生化、物化于一体，兼具好氧、兼氧、厌氧环境，通过滤床内特殊功能滤料、微生物、植物根系等对生活污水中的污染物进行过滤截留、生化降解、同化吸收、吸附固化等多效协同作用，高效地去除污水中的污染物。

（3）工艺流程

生活污水经格栅井滤除杂物后进入调节池，后经厌氧池作预处理，出水通过提升泵或重力自流进入多级生态植物滤床中，经滤床中植物、微生物和填料的协同处理后，可达到较为理想的出水效果。工艺流程如图 6-5 所示。

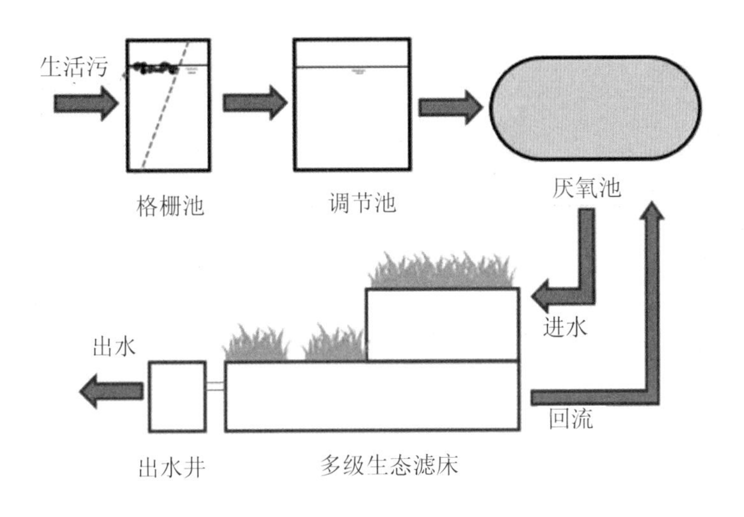

图 6-5　工艺流程

（4）建设运维

多级生态植物滤床运行维护较为简单，基本可以做到无人值守运行。运行费用主要包括污水提升电费（地形较好可省去）、回流泵电费（水质浓度高时才需要开，平时不需开）和湿地植物日常维护费（收割为主），吨水运行费用为 0.15～0.3 元。

（5）工艺特点

①整个工艺主体为生态植物滤床，是一种人工强化型的生态处理工艺，技术运行成本低，除提升泵需少量能耗外，无须其他动力消耗，后期运行维护简便，适合在农村生活污水治理中推广应用。

②多级生态植物滤床处理工艺利用滴滤床底部的布气系统和顶部的布水滴滤系统，实现空气自下而上在碎石滤料间流动（通过温度差等自然力），污水自上而下进行滴滤，实现无动力的气、液、固三相接触，达到充分的净化处理，整个主体系统过程不需要消耗外部动力。

③生态植物滤床上部种植水生植物，优选净水与兼具景观功能的花叶芦竹、伞草、香蒲等，可与周边生态环境相结合，不仅美化周边环境，而且无二次污染。

④系统运行管理简便易行，管理维护方便，工艺适用性强，处理效果稳定

可靠。

图 6-6　金星村“多级生态植物滤床”实景照片

6.1.4　多介质土壤渗滤污水处理技术

（1）工程概况

浙江省安吉县报福镇石岭村，采用多介质土壤渗滤污水处理技术，处理规模约为 50 m^3/d。项目出水可达到《城镇污水处理厂污染物排放标准》中的一级 B 标准。

（2）工艺原理

生活污水进入土壤渗滤系统，利用一系列的好氧、厌氧、截流作用，去除有机物及氮、磷。

（3）工艺流程

餐饮废水先经隔油池处理，生活污水经化粪池简单处理后进入排水管网，经过预处理去除粗大杂物后，自流至厌氧池进行生化处理，经厌氧生化去除部分有机物后，自流至多介质土壤渗滤池进一步降解污水中的有机物，去除氮、磷等污染物，净化后的污水可达标就近排入河道。厌氧池内选用生物填料作为生物膜介质，可保持厌氧系统有较高的处理效果。工艺流程如图 6-7 所示。

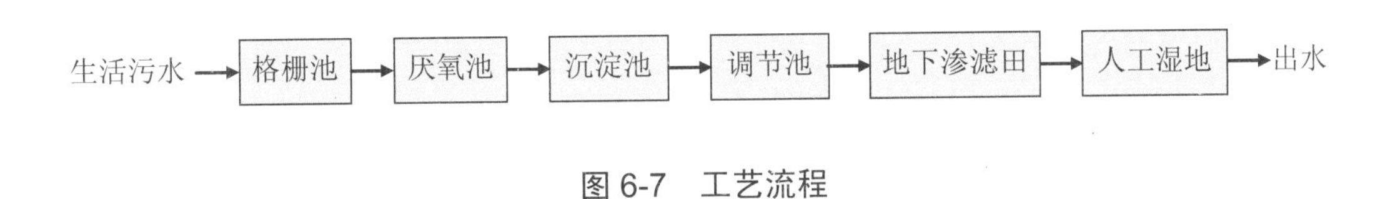

图 6-7　工艺流程

（4）建设运维

构筑物为格栅池、厌氧池、沉淀池、调节池、地下渗滤田、人工湿地、提升泵、鼓风机等。建设成本：43 万元（不含管网投资）。运行费用约为 0.04 元/t 污水。运转中只需人工简单维护，主要是多介质土壤渗滤池布水系统的维护，每年清渣 1～2 次。

图 6-8　石岭村多介质土壤渗滤污水处理实景照片

6.1.5　“预处理+土壤渗滤+农田灌溉”

（1）工程概况

广西玉林市博白县周垌村“元墩头+老虎例”片区，采用“预处理+土壤渗滤+农田灌溉”污水处理工艺探索生态化、资源化治理（科技）模式。工程内容为 1.6 km 污水收集管网、设计规模 60 m^3/d 的生态处理设施。

（2）工艺原理及流程

污水复合收集系统：结合农村污水排放混乱、雨污合流、化粪池各自建设等现状，建设“平衡井+复式边沟+消能井+综合处理箱”的复合管网收集及预处理系统，确保污水收集率达到 100%，同时降低管网建设成本及运营维护成本。平衡井采用底进上出，内置格栅，解决了部分住户化粪池出水口低于主管网而无法衔接的情况；复式边沟下层污水收集层根据现场情况可采用砖砌或铺管的形式，在边沟侧面可设置开放式检查井或在边沟底部设置密闭性检查井；综合处理箱主要起到预处理作用，用于垃圾拦截、隔油、化粪和沉淀。

生态调蓄及处理系统：由于村屯污水量波动大，严重影响污水处理系统的正常高效运行。结合周边的地形地貌，建设了复合生态调蓄塘，起到调节储存及生态预处理的双重目的。复合生态调蓄塘主要储存收集到的污水，优先回用于农田。当雨季、农闲等情况造成水量不平衡时，采用土壤渗滤的处理方式，土地渗滤处理规模按照村庄排污量的满负荷设计。

回用系统：通过自然复氧后的污水在复合生态调蓄塘中自然降解，达到农业灌溉用水标准，优先回用。工艺流程如图 6-9 所示。

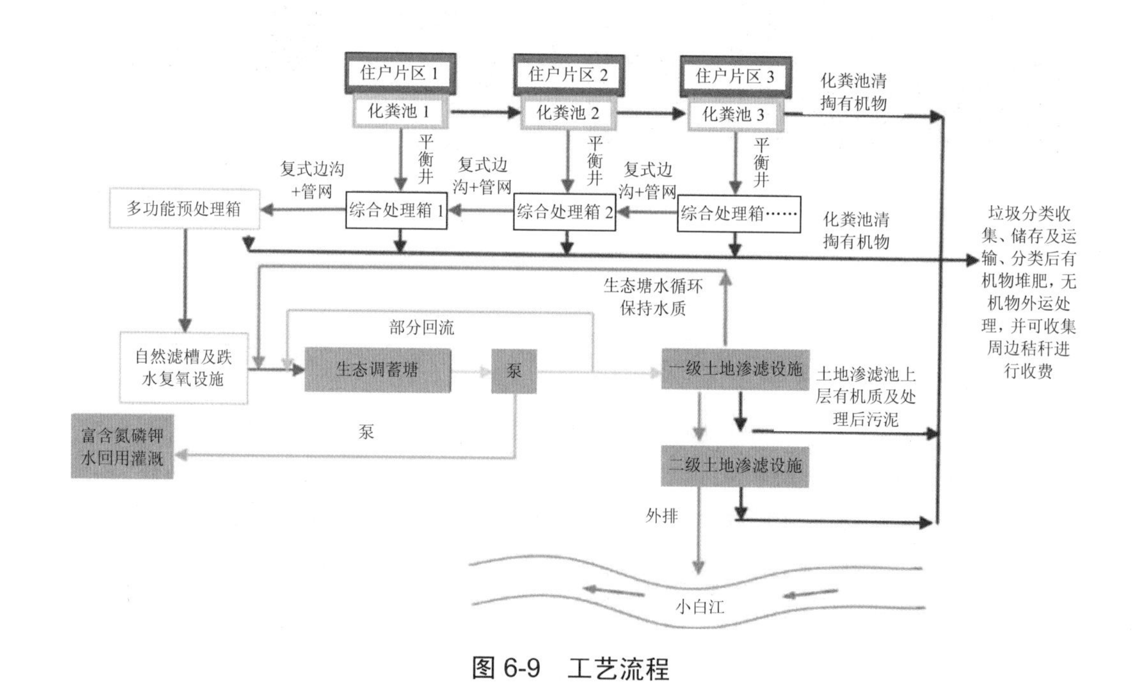

图 6-9 工艺流程

（3）建设运维

现阶段日常服务人口约 600 人，按照约 1 000 人的规模进行设计。通过采用复式边沟等理念，最大限度地利用现状地形、原有边沟收集各家各户污水，现有实际每天进水水量为设计规模的 70%～90%。

污水处理系统无须添加药剂及外加菌种，用电设备主要有进水提升泵 0.55 kW、土地渗滤系统进水提升泵 0.18 kW、回用泵 1.5 kW，配套 3 kW 光伏发电系统，基本可满足用电需求，考虑到阴雨天气发电量不足，预计还需支付电费 144 元/年。生态系统自然生长，实现无人值守。为更好地监管项目正常运转，由当地村委委派人员负责定期巡视各个处理单元的运行状况，支付人工费用为 700 元/（人·月），合计 8 400 元/年。

生态调蓄塘面积约为 450 m^2，目前投放有草鱼、鲶鱼等鱼类水产品，空心菜等水生蔬菜，鱼类预计年产 500 kg，空心菜种植 1/3 区域，预计年产 250 kg，项目附带产品价值约 7 000 元/年，用于支付抵消部分人工费。

由于项目所在地降雨量大、地下水位较高，雨水和地下水渗入污水收集管网，造成进水浓度常年偏低，污水收集系统建设还需加强。设施进出水水质见表 6-1。

表 6-1　进出水水质

水质指标	COD_{Cr}	SS	NH_3-N	TP
进水水质/（mg/L）	≤100	≤60	≤25	≤2.5
出水水质/（mg/L）	≤30	≤6	≤5	≤0.5
去除率/%	≥70	≥90	≥80	≥80

（4）工艺特点

①设置多种形式的生态调蓄塘，在调蓄水量的同时，对污水进行预处理，优先用于农业灌溉，适合农村生活污水产生量波动大、氮磷资源可利用的特点。

②充分利用废弃沟渠和坑塘等空闲土地资源，构建污水收集系统和调蓄系统，以及采用土地渗滤系统，建设和运维成本较低。

③因地制宜搭建本地化的水生动植物系统，利用周垌村当地的水芋、甜象草、水葫芦等水生植物，草鱼、田螺等水生动物，进行生态预处理，便于肥水回用，可持续性强。

图 6-10 周垌村“预处理+土壤渗滤+农田灌溉”实景照片

6.1.6 “生物转盘+人工湿地”

（1）工程概况

福建省泉州市安溪县湖头镇山都村，采用“生物转盘+人工湿地”为核心的污水处理工艺。出水水质能达到《城镇污水处理厂污染物排放标准》（GB 18918—2002）中的一级 B 标准。

（2）工艺原理

污水流经滤料时，滤料表面附着生长高活性的生物膜，滤池内部曝气。待生物膜成熟后，污水中的有机污染物被生物膜中的微生物吸附、降解，从而得到净化。生物膜表层生长的是好氧和兼性微生物，有机污染物经微生物好氧代谢而降解，终点产物是 H_2O、CO_2、NO_3 等。由于氧在生物膜表层已耗尽，生物膜内层的微生物处于厌氧状态，进行的是有机物的厌氧代谢，终点产物为有机酸、乙醇、醛和 H_2S、N_2 等。滤料自身对污水中的悬浮物具有截留和吸附作用，另外经培菌后滤料上生长有大量微生物，微生物的新陈代谢作用产生的黏性物质如多糖类、酯类等起到吸附架桥作用，与悬浮物及胶体粒子黏结在一起，形成细小絮体，通过接触絮凝作用而被去除。

由于微生物的不断繁殖，生物膜逐渐增厚，超过一定厚度后，吸附的有机物在传递到生物膜内层的微生物以前，已被代谢掉。此时，内层微生物因得不到充分的营养而进入内源代谢，失去其黏附在滤料上的性能，脱落下来随水流出滤池，滤料表面再重新长出新的生物膜。

（3）工艺流程

生活污水经格栅拦截较大的悬浮物或漂浮物后，经提升泵提升至调节池调节水质、水量，再自流进入生物转盘一体化设备中进行生物处理，处理后出水自流进入垂流式人工湿地进行深度处理。生物转盘的剩余污泥进入污泥消化池进行厌氧消化，消化污泥和栅渣定期外运处置。若地形地势许可，可设计全程重力自流形式，无须设置提升设备。工艺流程如图 6-11 所示。

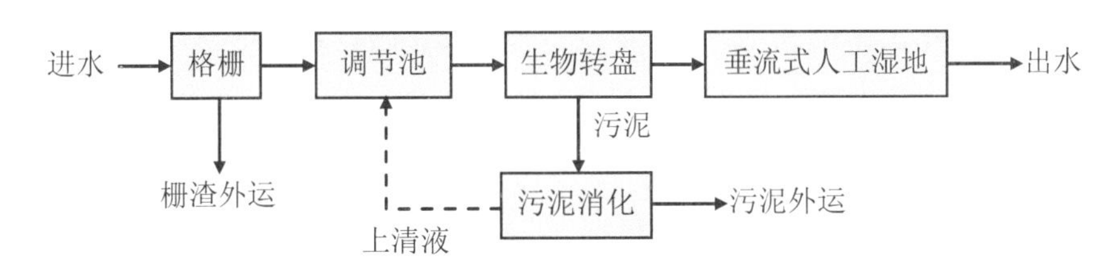

图 6-11　工艺流程

（4）建设运维

于 2016 年建成并投入运行，收集处理村域内居民的生活用水，服务人口约为 3 000 人，设计规模约为 300 m^3/d，占地面积约 660 m^2。整体运行电费约为 0.22 元/m^3。

图 6-12　山都村“生物转盘+人工湿地”实景照片

6.1.7 “A^2/O+纤维转盘+消毒”

（1）工程概况

河南省郑州市新密市岳村镇竹竿园村红岭社区及周边村民组，采用“A^2/O+纤维转盘+消毒”工艺，规模日处理水量 400 t。出水执行《城镇污水处理厂污染物排放标准》（GB 18918—2002）中的一级 A 标准。

（2）工艺原理

污水收集管网进入化粪池预处理，再进入人工格栅，去除尺寸较大的漂浮物、悬浮物及颗粒较大的砂石，以便减轻后续处理构筑物的处理负荷，用于保护后续构筑物和设备的正常运转，后污水自流至调节池，调节水质水量。

调节池出水由泵提升至一体化污水处理设备，在一体化污水处理设备内主要去除水中 COD、BOD_5；完成硝化反硝化去除水中氨氮、总氮；最终经过纤维转盘去除水中的悬浮物和残留有机物；深度处理出水进行紫外线消毒，保证出水达到《城镇污水处理厂污染物排放标准》（GB 18918—2002）中的一级 A 标准。出水直接进入后续景观水池。

（3）工艺流程

污水经化粪池预处理后，通过格栅，经调节池调整水质水量后，进入地埋一体化设备处理，出水用于景观。工艺流程如图 6-13 所示。

（4）建设运维

污水处理部分造价 50 万元，景观部分和预处理部分 90 万元。总投资 140 万元。月平均运行电费 354 元，吨水运行费用约 0.59 元。总占地面积约为 500 m^2，其中污水处理站约为 65 m^2。

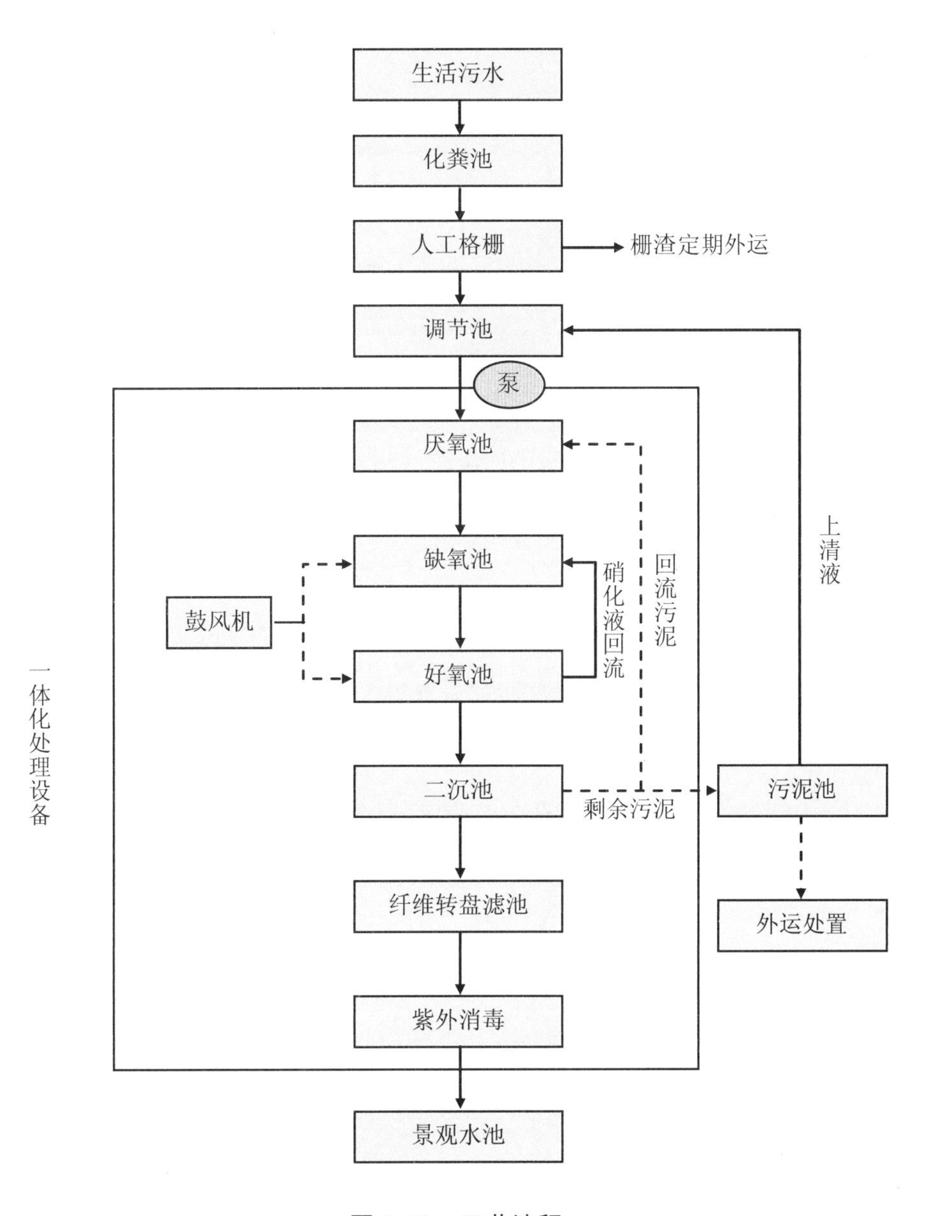

图6-13　工艺流程

6.2　平原地区

中东部平原地区主要包括我国华北平原、长江中下游平原、珠江三角洲平原。涉及北京、天津、河北、河南、山东、安徽、江苏、浙江、上海、广东等省市大部分地区。平原地区人口相对集中，经济较发达，水环境容量有限，污水治理技术以集中处理为主，侧重于选择污水处理效果好、设施占地面积小的技术。

6.2.1 组合型人工湿地

（1）工程概况

苏州市吴中区金庭镇柯家村，应用组合型人工湿地处理该村 40 户农户及农家乐生活污水，出水水质达到《城镇污水处理厂污染物排放标准》（GB 18918—2002）中的一级 A 标准。工程于 2015 年 10 月完成。

（2）工艺原理及流程

采用“沉淀塘—垂直流生态滤床—水平流生态滤床—污泥干化滤床”的生态单元组合；通过生态单元中的生态滤料、植物、微生物三者的物理、化学、生物协同作用，将农村生活污水的污染物转化为湿地生长的营养物质。该系统中的滤床是固定床反应器，生物膜固定在滤料颗粒表面，是稳定的生物反应系统。

沉淀塘：村庄收集的污水首先经管网到达沉淀塘，进行初步沉淀，调节水量水质。

垂直流生态滤床：水力负荷为 0.1 m^3/（m^2·d），COD 负荷为 30 g/（m^2·d）；COD、氨氮及 SS 去除率均可达到 90%以上。

水平流生态滤床：主要进行反硝化作用，总氮去除率可达到 75%以上。

污泥干化滤床：沉淀塘中的污泥定期送入污泥干化滤床，污泥干化后转变为有机肥料返田，可有效防止二次污染。

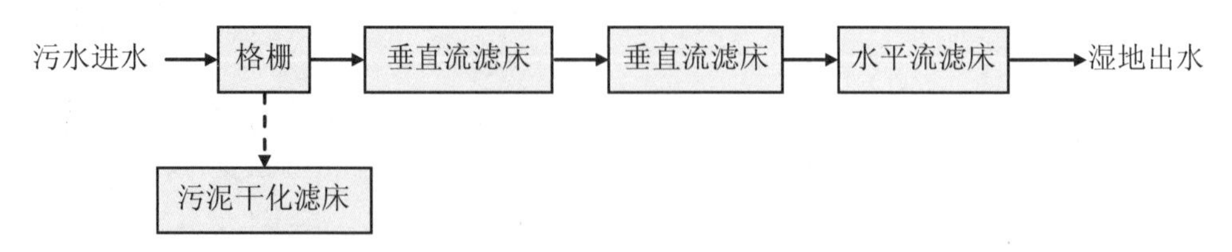

图 6-14 组合湿地平面图

（3）建设运维

运行实际水量：周末及节假日高峰期为 50 m^3/d、平时为 20～40 m^3/d。建设运行成本参数：吨水运行费用为 0.1～0.2 元/d。设施进出水水质如下。

表 6-2　项目水质监测数据

主要指标	COD	SS	TP	TN	NH_3-N
进水/（mg/L）	138.05	15.1	2.85	19.00	15.45
出水/（mg/L）	15.15	4.3	0.66	2.86	1.10
处理效率/%	89	72	77	85	93

（4）工艺特点

高性能：应用德国生态工程协会 40 年运行经验，实现稳定可持续的水处理效果。

经济性：长期综合成本低，运行成本是传统工艺的 1/10。

循环性：水处理的同时能使污泥脱水和矿化，污泥能够作为农肥进行利用。

参与性：用户自行管理，提高公众参与度，保证系统良好运行；提高居民环保意识。

生态再造：湿地构建芦苇荡和池塘；融入并改善当地生态功能。

用地情况：其用地较传统工艺大，但是比传统处理湿地占地小。该系统实现水处理功能的同时，还呈现一个多功能湿地公园。在规划时可与当地的城市公园、绿化用地、水景相结合，解决了其占地问题。

图 6-15　柯家村组合型人工湿地实景照片

6.2.2 “厌氧反应器+潜流人工湿地+多级景观湿地”

（1）工程概况

山东省德州市齐河县胡官屯镇胡官屯社区，采用“厌氧反应器+潜流人工湿地+多级景观湿地”技术，设计处理规模约为 300 m^3/d。

（2）工艺原理及流程

预处理单元通过均质、沉淀、格栅去除大块物体并调节水量水质冲击负荷。厌氧单元采用厌氧生物膜技术降低有机污染物浓度，同时将有机氮矿化为氨氮。潜流人工湿地是去除有机物和氮的主要工艺环节，出水 COD、氨氮达到《城镇污水处理厂污染物排放标准》（GB 18918—2002）中的一级 A 标准。景观湿地作为景观回用、水质保障、生态储存环节，同时作为回用水源。工艺流程如图 6-16 所示。

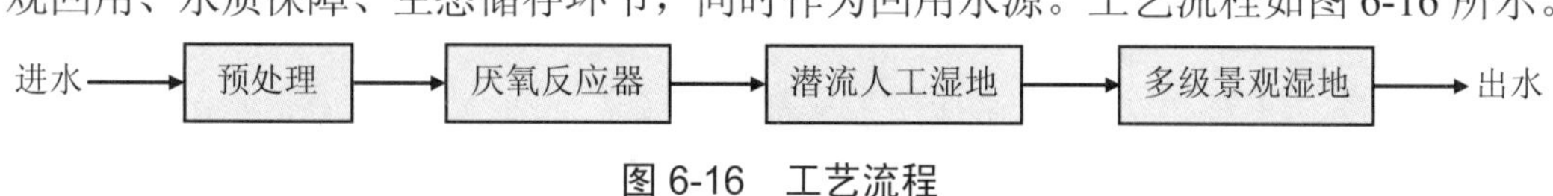

图 6-16　工艺流程

（3）建设运维

工程总占地面积 4 941 m^2，其中，潜流人工湿地 1 200 m^2，多级景观湿地 700 m^2。

（4）工艺特点

该技术是针对村镇污水量小、水质波动大等水质特征，以生态处理、达标排放、梯级利用为目的构建的集成技术。主要创新点：集成厌氧、潜流人工湿地生态处理技术以及景观湿地生态储存、多途径的梯级利用技术，改善水质的同时，提高景观效果，实现水的梯级利用。

利用人工湿地生态处理技术，运行简单，维护成本较低，运行经济可靠，切合村镇污水处理实际需求；通过景观湿地生态存储回用与后续农业再回用，实现村镇污水再生高效利用，缓解村镇水质性缺水难题。

图 6-17　胡官屯社区“厌氧反应器+潜流人工湿地+多级景观湿地”实景照片

6.2.3　“A/O+人工湿地”

（1）工程概况

江苏省扬州市江都区武坚镇黄思社区，采用“A/O+人工湿地”污水处理工艺，设计生活污水处理量为 300 m^3/d。出水水质可达到《城镇污水处理厂污染物排放标准》（GB 18918—2002）中的一级 B 标准。

（2）工艺原理及流程

A/O 工艺将前段缺氧段和后段好氧段串联在一起，A 段 DO 不大于 0.2 mg/L，O 段 DO 在 2～4 mg/L。在缺氧段异养菌将污水中的淀粉、纤维、碳水化合物等悬浮污染物和可溶性有机物水解为有机酸，使大分子有机物分解为小分子有机物，不溶性有机物转化成可溶性有机物，当这些经缺氧水解的产物进入好氧池进行好氧处理时，可提高污水的可生化性及氧的效率；在缺氧段，异养菌将蛋白质、脂肪等污染物进行氨化（有机链上的 N 或氨基酸中的氨基）游离出氨（NH_3、NH_4^+），在充足供氧条件下，自养菌的硝化作用将 NH_3-N（NH_4^+）氧化为 NO_3^-，通过回流控制返回至 A 池，在缺氧条件下，异氧菌的反硝化作用将 NO_3^-还原为分子态氮（N_2）完成 C、N、O 在生态中的循环，实现污水无害化处理。工艺流程如图 6-18 所示。

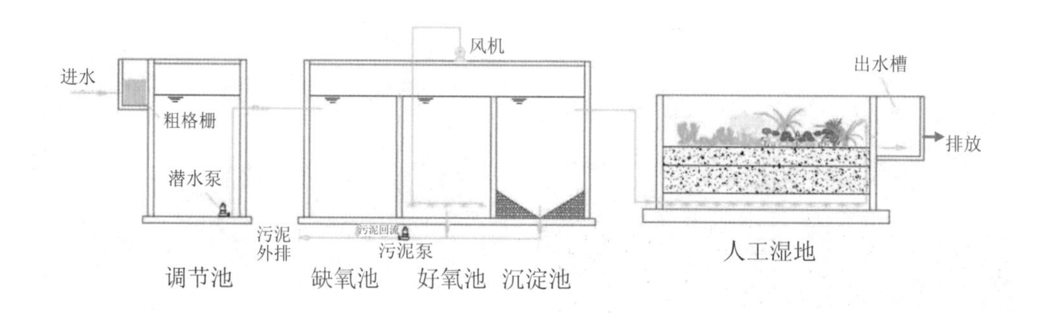

图 6-18　工艺流程

（3）建设运维

建设和运行成本为 0.4 元/t。采取自动运行，定期巡视即可。运行管理中注意对鼓风机、提升泵等设备定期检查。同时注意清理格栅栅渣，及时排出二沉池剩余污泥，并防止悬浮物进入后续的人工湿地。人工湿地植物冬季枯萎后也应进行清理，防止形成二次污染。

（4）工艺特点

工艺构筑物为调节池、缺氧池、好氧池、沉淀池、人工湿地、水泵、风机等。脱氮效果显著。主要污染物去除效果：进水 COD：125～325 mg/L，出水 COD：36～60 mg/L，去除率：64%～80%，进水 NH_3-N：15～30 mg/L，出水 NH_3-N：5.6～8 mg/L，去除率：57%～74%。

图 6-19　黄思社区“A/O+人工湿地”实景照片

6.2.4　A/O 一体化污水处理设备

（1）工程概况

广东省茂名市电白区，共建设了 38 个污水处理站，设计处理规模分别为 20 m^3/d（9 个）、30 m^3/d（7 个）、40 m^3/d（6 个）、50 m^3/d（2 个）、60 m^3/d（5 个）、70 m^3/d（4 个）、80 m^3/d（3 个）、90 m^3/d（1 个）、100 m^3/d（1 个）。一体化设备出水达到《城镇污水处理厂污染物排放标准》（GB 18918—2002）中的一级 B 标准。适用规模为 20～300 m^3/d，单台设备可多台并联。

（2）工艺原理及流程

该项目采用 A/O—接触氧化生化工艺，并辅以空气提推技术实现高回流比和低溶解氧控制对污水进行处理，有效实现了污染物碳、氮、磷的高效去除。工艺流程如图 6-20 所示。

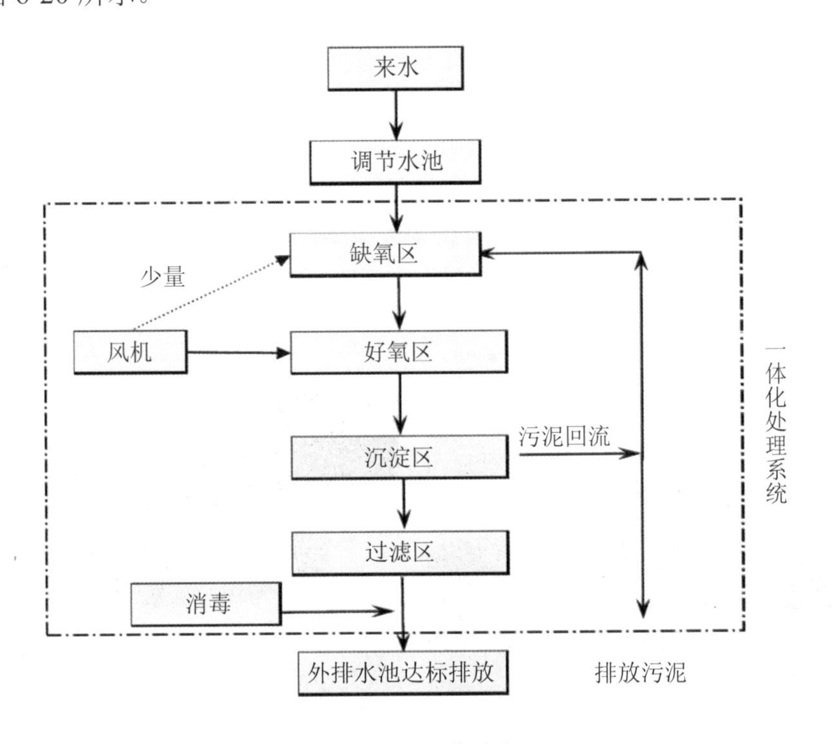

图 6-20　工艺流程

（3）建设运维

所有设备集成在一个标准集装箱内，运输便捷，降低了土建费用，运维管理简单，可通过远程物联网监控系统实现无人值守。集装箱内置操作间、高防护等级的集中控制柜、进口核心元器件，对整个系统进行配电及自控。吨水电耗为0.15～0.25 kW·h/t。设施进出水水质见表6-3。

表6-3 进出水水质指标　　单位：mg/L，pH无量纲

序号	指标	进水水质	出水水质
1	COD	250	45
2	BOD_5	130	18
3	SS	200	18
4	NH_3-N	25	7.5
5	TN	35	16
6	TP	3	0.7
7	pH	6～9	6～9

（4）工艺特点

①高度集成化的一体化设计，集生化、沉淀、过滤、消毒及设备间于一体，沿程高程损失小，无须二次提升。

②A/O—接触氧化生化工艺，菌种丰富，微生物量大，容积负荷高，污泥产量低。采用气提技术实现高回流比，既有效提高生化系统抗负荷冲击能力，又降低了回流运行成本。

图6-21 电白区“A/O一体化污水处理设备”实景照片

③自控程度高，操作简单灵活，能够远程监控和无人值守；运行费用低，设备运行稳定，出水稳定达到《城镇污水处理厂污染物排放标准》（GB 18918—2002）中的一级B标准。

6.2.5 多相循环生物池

（1）工程概况

上海金山区待泾村采用多相循环生物池法处理农户生活污水，设施规模为3 m^3/d，出水水质达到《城镇污水处理厂污染物排放标准》（GB 18918—2002）中的一级A标准。

（2）工艺原理及流程

在多相循环生物池中，设有固定蜂窝状生物填料，充氧污水浸没填料后在其表面形成生物膜，通过微生物的新陈代谢，污水中的COD、BOD、氮、磷等营养物质得以去除。

污水先通过格栅井，格栅井中设有筒式格栅，用于拦截污水中大颗粒杂物，格栅井与多相循环生物池合建。筒式格栅设有提手，通过提拉提手可方便将格栅表面附着的杂物刮掉，沉积在格栅井底部，有效保护后期装置的正常工作。

污水经预处理后流入多相循环生物池，池内放置多相循环污水处理设备，该设备为主处理系统。在该系统内通过伞曝气提作用可以形成污水回流内循环和污泥回流外循环两个循环系统，主要目的是降解COD、BOD、脱氮除磷。污水经过多相循环污水处理设备处理后自流进入清水池进行储存，然后经提升泵提升至室外，达标外排。

多相循环生物池产生的污泥不定期由抽粪车抽吸外运处理。工艺流程如图6-22所示。

（3）建设运维

污水经过一体化污水处理系统处理后，出水水质达到《城镇污水处理厂污染物排放标准》（GB 18918—2002）中的一级A标准。系统设计进出水水质见

表 6-5。

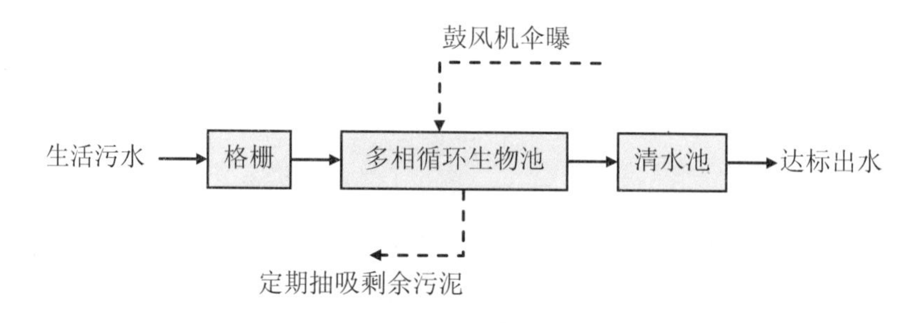

图 6-22 工艺流程

表 6-5 进出水指标

指标	进水/（mg/L）	出水/（mg/L）	去除率/%
COD_{Cr}	400	50	87.5
BOD_5	200	10	95.0
NH_3-N	30	5	83.3
SS	200	10	95.0

运行费主要为电费，电费按照 0.5 元/（kW·h）计算，则每立方米污水处理的耗电成本为 1.57×0.5/3=0.26 元/m^3，折合年运行费用约为 286.53 元。电耗设备见表 6-6。

表 6-6 运维费用

序号	用电设备	同时运行数量/台	功率/kW	运行时间/（h/d）	耗电量/（kW·h/d）	备注
1	风机	1	0.20	6	1.2	伞曝气提
2	潜污泵	1	0.37	1	0.37	
合计		运行功率：0.57 kW，电耗：1.57 kW·h/d				

（4）工艺特点

蜂窝状生物填料除用于挂膜外，还可作为斜板沉淀的载体，多相循环生物池为曝气池和沉淀池合建，与生物接触氧化法相比，减少了二沉池，结构紧凑。

通过气提作用，污水由底部上升到空气中，然后跌落回污水处理系统中，该过程反复进行，构成一个内循环系统，增加了污水在曝气系统中的停留时间，微生物充分降解污水中的 COD、BOD，增强污水处理效果。

通过曝气管路的气提作用，将池底的污水提升到空气中，使污水与空气混合，形成二次曝气，增大曝气量。

图 6-23　待泾村多相循环生物池实景照片

6.2.6　SBR 技术

（1）工程概况

北京市昌平区兴寿镇为北京市新农村生活污水处理示范村，是北京市草莓种植专业村，该村现有常住人口 264 户、565 人，加流动人口约 600 人。出水水质达到《北京市水污染物排放标准》中的二级排放标准。

（2）工艺原理

SBR 池是污水处理的核心构筑物，污水中的大部分有机物在微生物的作用下得到氧化分解，污水达到排放要求后排出处理系统。由于 SBR 池独特的运行方式，当进水水质变化时，可适当调整运行程序，在满足处理能力的前提下进一步降低成本。SBR 池出水进入中间水池。中间水池超过回用的水达标排放。

（3）工艺流程

生活污水在格栅的作用下去除大颗粒悬浮物和漂浮物后，自流入集水池内。

池内安装潜污泵，将污水提升到 SBR 池。工艺流程如图 6-24 所示。

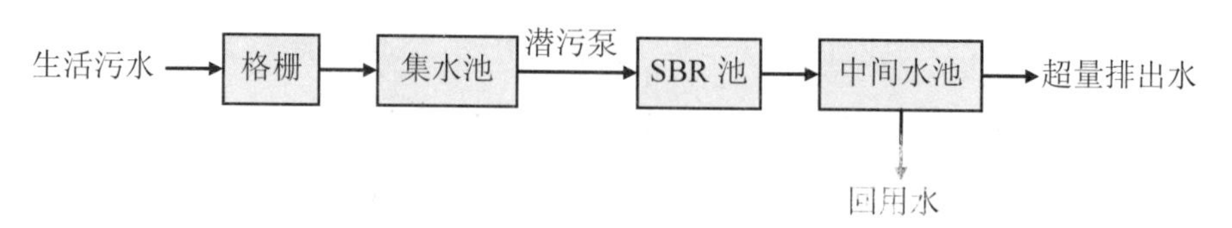

图 6-24 工艺流程

（4）建设运维

人均用水量按 75 L/d 计算，日产生污水 46 m^3，设计水量为 50 m^3/d。微型可编程控制器集中控制，设一名兼职操作管理人员。占地面积为 50 m^3。设施运行费用及进出水水质见表 6-7、表 6-8。

表 6-7 运行费用一览表

序号	技术指标	数量	运行功率	备注
1	机械格栅	1	0.2 kW	间歇运行
2	污水提升泵	2	0.4 kW	常年运行
3	水下曝气机	2	3.0 kW	间歇运行
4	日运行总功率	1	48.0 kW	—
5	年运行费用		8 640 元	0.5 元/（kW·h）

表 6-8 设计进出水水质一览表 单位：mg/L

项目	进水指标	出水指标
COD_{Cr}	≤300	≤60
BOD_5	≤200	≤20
SS	≤220	≤50

（5）工艺特点

污水站建在村西南低洼处。污水处理设施全地下式布局。污水站地上部分绿化。与周围整体环境和布局相适应。出水利用低洼地形形成水面景观。设备少、控制灵活、可维修性好。

图 6-25　兴寿镇 SBR 技术应用实景照片

6.2.7　“A^2/O+太阳能微动力+人工湿地”

（1）工程概况

河北省邯郸市峰峰矿区彭城镇，采用太阳能微动力人工湿地处理技术，设计污水处理规模为 300 m^3/d，处理后出水达到《城镇污水处理厂污染物排放标准》（GB 18918—2002）中的一级 A 标准。

（2）工艺原理及流程

以传统“A^2/O”工艺为基础，根据太阳能光伏发电的特点，吸纳“A^2/O”工艺、生物接触氧化工艺、SBR 工艺中的关键因素，整合开发形成的一种全新技术。系统将太阳能清洁能源提供动力和系统良好运行合理的结合，使太阳能满足系统的正常运行。技术采用微电脑远程全自动控制。技术通过格栅将污水中较大的悬浮物和漂浮物物理性隔离去除。在生化段，采用厌氧—缺氧—好氧三段式生物处理，进行水解酸化、硝化及反硝化、吸附氧化等生物反应，消化降解污水中 COD、氨氮、TP、SS 等污染物。技术兼容化学除磷，提高总磷去除率。技术结合湿地滤池，降低 SS 和总磷，消毒后达标排放。工艺流程如图 6-26 所示。

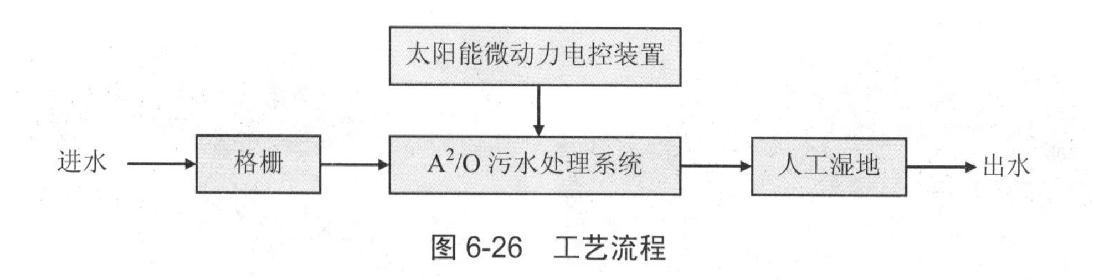

图 6-26　工艺流程

（3）建设运维

处理规模 300 m^3/d，单位投资成本 5 000 元/m^3，单位运行成本 0.05～0.10 元/m^3，单位 COD 处理成本 0.15～0.40 元/kg，单位氨氮处理成本 0.50～1.00 元/kg。

①主要控制的污染物：COD、氨氮、TP、SS。污染治理效果见表 6-10。

表 6-10　污染治理效果　　单位：mg/L，pH 无量纲

指标	COD	NH_3-N	SS	TP	pH
进水水质	225	24.62	197	3.10	7.68
出水水质	44.5	4.63	8.5	0.42	7.53

②二次污染及其控制：本技术产生较少污泥，进入污泥浓缩池干化消毒处置。废气、噪声等二次污染小，在控制标准内。栅渣多为生活垃圾，定期清理外运。

（4）工艺特点

该技术适用于农村、小乡镇等生活污水的处理。技术应用需当地年日照时长不小于 1 000 h。

图 6-27　峰峰矿区“A^2/O+太阳能微动力+人工湿地”实景照片

6.2.8　A^2/O 生物接触氧化模块化处理设备

（1）工程概况

江苏省常熟市平湖村采用 A^2/O 生物接触氧化模块化处理工艺。该村农户 35 户，居民 140 余人。设计污水量按照 100 L/(人·d)考虑，总设计污水量约为 14 m^3/d，为了保证一定的余量，实际设计水量为 15 m^3/d，适用规模为 10～50 m^3/d。2014 年完工并投入运行。

（2）工艺原理及流程

污水净化系统由厌氧模块、缺氧模块、好氧模块和综合净化模块组成。工艺流程见图 6-28。

厌氧模块：污水由污水潜污泵提升进入一体化设备，流入厌氧功能模块，模块内滤床装填特制滤材，污水中的固体杂物大部分被滤材截留。滤床的主要功能是储存被分离的固体杂物和污泥，利用厌氧细菌分解污水中有机物，使有机物发生水解、酸化，去除废水中的有机物，并提高污水的可生化性，为好氧处理提供有利条件。本功能段主要功能是释放磷，同时对部分有机物进行氨化。

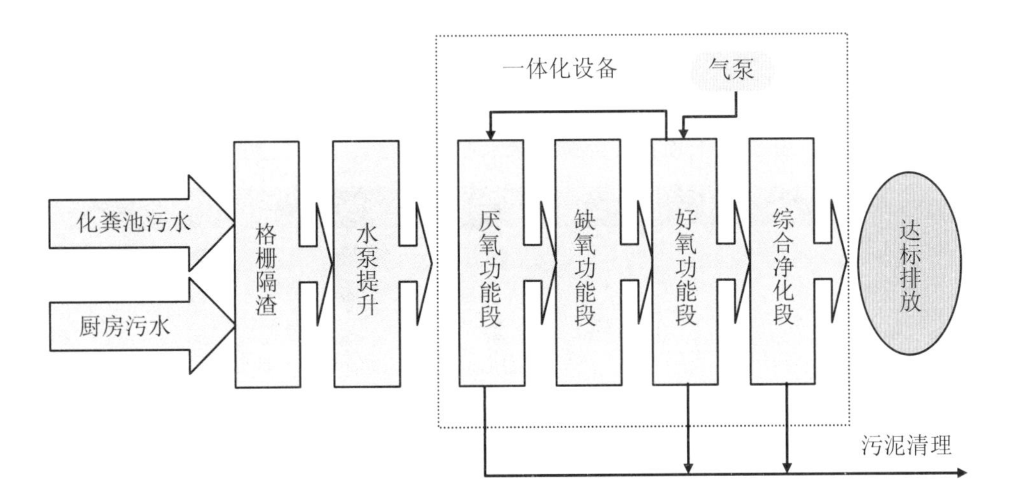

图 6-28　工艺流程

缺氧模块：厌氧模块处理后的污水进入缺氧功能模块，同时混合进入好氧末端回流水，在填料上的反硝化菌利用剩余的有机物和回流的硝酸盐进行反硝化作用脱氮。

好氧模块：经缺氧模块处理后的污水自流进入好氧功能模块，好氧功能模块由气泵将空气注入水中，在好氧微生物的降解作用下将水中的大部分有机污染物去除，同时将部分氨氮氧化去除。好氧功能模块出水一部分回流到厌氧功能模块进行反硝化处理，一部分清水经综合净化模块进一步进行生化处理并通过过滤、沉淀、吸附，达标后直接排放至周边河道内；同时在好氧池底部设置填料，通过缺氧作用来达到去除污水中总氮污染物的效果。

综合净化模块：该功能段主要起沉淀消毒作用，设有自动加药投放絮凝剂、助凝剂及氯片消毒装置（加药装置为选配件，根据进水水质购买），可以附加电解除磷装置（选配件），确保最终出水的总磷达到国家规定的排放标准。

（3）建设运维

本工程终端建设成本 7 000～8 000 元/t，含污水处理设备及配套土建、水泵、气泵、电控、围栏、绿化等。具有前期投资低、处理效果好的特点。

运行管理部分包括电费和人员管理费，其中电费为 0.18 元/t，运行管理费按照一个人管一个片区所有污水设备的维护，平均到单个站区为 0.08 元/t，总计 0.26 元/t。进出水水质及处理效率见表 6-11。

表 6-11 项目实际进出水水质监测结果 单位：mg/L，pH 无量纲

主要指标	pH	SS	BOD_5	COD_{Cr}	NH_3-N	TP
进水	6～9	90	140	220	28	3.2
出水	6～9	8	15	46	8	0.8
处理效率/%	—	91	89	79	71	75

出水达到《城镇污水处理厂污染物排放标准》（GB 18918—2002）中的一级 B 标准。

（4）工艺特点

剩余污泥产量少，系统占地面积小，工艺流程简单，运行管理简单。

农村污水水质水量冲击大，工艺抗冲击负荷强；出水水质保障性高；模块化、可移动、流程短、易装配工艺；产泥量少。

水泵、气泵等电器设备由电控柜自动控制。电控柜放置在地面基础上，气泵放在电控柜柜体底部，具有安全防盗的作用。

接触氧化池填料挂膜稳定，水泵、气泵等电器设备由电控柜自动控制。平时运行维护简单，只需定时查看水泵和气泵的工作状态。需每隔半年左右清洗沉淀池污泥。

地埋式安装，设备自 2014 年运行至今状况良好。

设备由镇政府委托给第三方运维机构进行管理，如设备不定时清理污泥，将影响设备脱氮除磷的效果。

图 6-29　平湖村 A^2/O 生物接触氧化模块化处理实景照片

6.2.9　“A^2/O 生物接触氧化+人工湿地”

（1）工程概况

苏州市北港村住户 45 户，居民 180 余人。人工湿地选用以芦苇为代表的水生植物用来脱氮除磷和去除有机物，人工湿地的面积为 30 m^2。设计污水量按 100 L/（人·d），实际设计水量为 20 m^3/d。出水达到《城镇污水处理厂污染物排放标准》

（GB 18918—2002）中的一级 A 标准。工程于 2017 年 6 月完工并投入运行。

（2）工艺原理及流程

进水主要为农村居民生活用水，其中洗衣洗浴排水和厕所排水经化粪池预处理后进入管网，厨房废水经水池直接排入污水管网。污水通过污水管道到达格栅沉渣池，去除部分悬浮物和沉淀物，再经过一体化污水处理设备处理后进入人工湿地，经过人工湿地的过滤、吸附、动植物吸收后达标排放。工艺流程如图 6-30 所示。

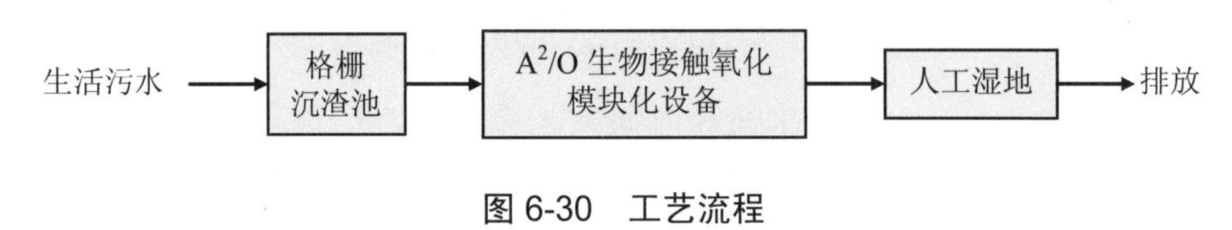

图 6-30　工艺流程

（3）建设运维

终端建设成本 8 500～9 500 元/t，含污水处理设备及配套土建、人工湿地、水泵、气泵、电控、围栏、绿化等。具有前期投资低、处理效果好的特点。

目前该污水处理设备的运行管理交由第三方运维机构负责，年运营成本约为 420 元/t，包括电费、设备设施维护费、人员管理费等。进出水水质及处理效率见表 6-12。

表 6-12　项目水质监测数据　　单位：mg/L，pH 无量纲

主要指标	pH	SS	BOD_5	COD_{Cr}	NH_3-N	TP
进水	6～9	100	150	240	30	4
出水	6～9	5	8	32	4	0.2
处理效率/%	—	95	95	87	87	95

（4）工艺特点

①设备体积小、运输安装方便，地埋式安装，对环境影响小。

②设备采用成熟 A^2/O +人工湿地工艺，具有处理效果好、出水稳定的特点。

③需定时查看一体化设备水泵和气泵工作状态，每隔半年左右清洗沉淀池污泥。

④人工湿地在冬天处理效果不好，容易堵塞且清理比较麻烦。

图 6-31　北港村“A^2/O 生物接触氧化+人工湿地”实景照片

6.2.10　“A^2/O +生物滤池”

（1）工程概况

浙江省嘉兴市秀洲区建林村建林小区采用“A^2/O+生物滤池”技术，处理规模为 160 m^3/d。

（2）工艺原理

生活污水（包括厨房污水、冲厕污水及洗衣污水，其中冲厕污水必须经化粪池沉淀）首先进入格栅区，通过格栅可除去大块杂质；然后污水流入调节池，对污水水质、水量进行调节；后污水由提升泵进入厌氧池、缺氧池、好氧池，进行深度生化处理，去除有机污染物、氮、磷；好氧池出水由沉淀进行泥水分离，上清液流入混凝沉淀池，此处加药装置为备用，作为水质应急措施使用；出水流入生物滤池可进一步净化水质，去除 SS；最后出水经紫外线消毒去除大部分大肠杆菌后达标排放，出水排入边上河道。清水池内种植绿化植物，可净化水质，同时为加药设施以及生物滤池反洗提供水源。

（3）建设运维

吨水投资：终端为 6 777 元/t；终端+管网：11 126 元/t；运行费用：电费约为 49.92 元/d；运维费：终端 148 元/户，终端+管网：237 元/户；占地面积：400 m^2。

（4）工艺特点

①生物滤池采用高效浮动滤料，具有耐磨损、生物膜易脱落等特点。

②景观清水池为加药设施和生物滤池反洗提供水源，实现一池多用功能。

图 6-32 建林小区“A^2/O +生物滤池”实景照片

6.2.11 一体化净化槽

（1）工程概况

浙江省嘉兴市余新镇长秦村，采用日本进口一体化净化槽设施处理生活污水，处理规模为 1 m^3/d。长秦村位于余新镇西部，村委会驻地距镇政府驻地西北约 2.5 km。有 25 个自然村、33 个村民小组、1 408 户、5 063 人。

（2）工艺原理

农户卫生间的废水通过管道流入新建的化粪池，经化粪池沉淀及处理后废水上清液与农户厨房出来的经去油除渣的废水以及洗浴、洗涤的废水一起排入收集井，进入污水收集系统自流进入净化槽，净化槽前端设置有沉淀池和浮油隔离池，水中大部分固体杂物被截留在沉淀池中；而后污水流入缺氧池进行处理，接着进入好氧池强制处理区，其中大部分有机物被微生物降解，其出水进入沉淀池，最终污水出水用于农田灌溉。

（3）工艺特点

①占地面积小，能耗小。

②处理设施成熟，故障率低，维护方便。

③除磷能力差，要除磷需要配套其他处理工艺。

④终端数据较其他工艺大得多，后期检测、维护费用高。

图 6-33　长秦村“一体化净化槽”实景照片

6.3　缺水地区

我国华北和西北地区属于干旱缺水地区，年平均降雨量少，蒸发量大，涉及甘肃、陕西、山西、宁夏、青海、新疆、西藏和内蒙古西部等省份。该地区土地总面积大，人口密度小，村落分散，经济欠发达。农村污水处理技术侧重选择投资和运行成本低、管理维护简便、便于就地处理和资源化利用的技术。

6.3.1　改厕+黑、灰水分离等治理模式

（1）工程概况

内蒙古自治区伊金霍洛旗普及不同类型的农村无害化卫生厕所，分别采取集中户处理、相对集中户处理和黑、灰水分离三种模式，伊金霍洛旗干旱缺水、生态环境脆弱，污水治理以充分收集水资源和粪污资源化利用为目标，将厕所、厨余污水、洗涤废水分开收集。厕所和厨余污水通过化粪池处理，进行粪污资源化利用；洗涤废水通过简易装置蒸发处理或泼洒降尘。污水处理系统根据农户分散程度采取三种模式。

一是集中户处理模式。对 3 km 以内的农户依托污水处理厂的地理优势，将距离污水处理厂较近的嘎查村通过铺设管网进行污水集中处理。

二是相对集中户处理模式。对 3～10 km 以内、相对集中的村庄，铺设污水管网，并根据村户的集中情况和户数，分别配备 6 m^3、10 m^3、20 m^3 不同规格的玻璃钢化粪池共 7 个，将就近村户的污水相互连通集中到 1 个化粪池，由镇政府委托当地帮扶企业定期清运至污水处理厂，进行集中无害化处理，实现了全旗相对集中户水冲厕所的改造。

三是黑、灰水分离模式。对 10 km 以外的分散村庄以黑、灰水分离模式为主。引导群众将冲厕水（黑水）和洗涤水（灰水）分别处理。黑水路径：便器—过粪管—化粪池，经虫卵沉淀、腐化发酵、高温堆肥等过程，粪肥可以就地还田；灰水用于绿化或降尘。黑、灰水分离后，卫生间不再返臭，解决了"便器安上不敢用"的问题。对于居住分散的农牧户家中，每户新建 5 m^3 的玻璃钢化粪池 1 个，用于该户日常污水的排放和收集，由镇政府当地帮扶企业运用移动式污水处理车定期收集处理，实现了全旗分散户水冲厕所的改造。厕所污水处理实现了减量化排放、无害化处理、资源化利用。

（2）工艺原理及流程

该技术在传统 A^2/O 的好氧段增加高效生物填料，生化处理后端配合化学处理与浸没式超滤。使大量能够同步脱氮除磷的复合菌群微生物附着填料生长，生物量比传统活性污泥高出 2～3 倍，使菌群在北方低温条件下仍能保持活性，有效处理污水。与传统 A^2/O、MBR 工艺相比，出水水质更稳定，膜的使用年限更久，可连续使用 5 年不需要进行膜更换。

污水通过污水管网进入集水池，经过粗格栅，然后自流进入调节池，利用提升泵提升进入 A^2/O 系统，通过微生物的分解作用，去除 COD、氨氮和磷等污染物；经过沉淀池后进入 MBR 系统，将水中的细小悬浮物通过膜的过滤作用阻隔掉，保证出水达标排放。

（3）建设运营

以日处理 100 t 污水处理厂为例，项目建设投资约 138 万元，包括土建、设备、自动化、厂区硬化绿化、围墙等。运行管理方面，结合伊旗村镇生活污水处理设施区域分布较为分散、分别组织运行维护成本较高的特点，各镇以政府购买服务方式与第三方公司签订委托运营管理协议，由企业负责代管运营。以“远程监控+定期巡检”的方式对各处小型污水处理设施组织运营维护，实现了对污水处理设施污水池液位、排污流量以及设备的启停状态、控制模式、电压、电流等参数的实时监控，当设备出现故障时，维护人员可在 24 h 内做出处理，以确保设备稳定运行，保障出水水质。

运营成本为 2.5 元/t 水，包括人工费、电费、药剂费、设备维修费等全部费用。

表 6-13 项目水质监测数据 单位：mg/L，pH 无量纲

主要指标	pH	SS	BOD_5	COD	NH_3-N	TP
进水	6～9	210	220	470	32	3.8
出水	6～9	8.3	8.1	35	4.1	0.4

（4）工艺特点

①光伏发电，绿色节能。伊旗乡镇污水处理厂选址距镇区、居民聚居点距离较远，且大部分居民聚居点未实现集体供暖，为保证污水处理厂冬季正常供暖并降低运行成本，污水处理厂采用太阳能光伏供暖，依托于国家光伏产业政策将污水处理厂光伏发电与电力大网并网，冬季供暖期利用太阳能进行供暖，非供暖期发电供应国家电网并计量电量，将供暖剩余电量用于污水处理厂运行补贴，实现环保新能源利用，在降低运行成本的同时利用太阳能清洁能源，减少能耗和环境污染。

②设备共享、合理利用、节约成本。气候、水质相近的选择相同处理工艺，统一配备同型号生活污水处理设施，实现易损设备多厂共用，有效节约维护成本。

③远程操控、无人值守、节约人工。通过家庭式宽带网络通信，应用远程控制实现集中调度、无人值守，有效降低运营成本。

④使用寿命长，维修方便。与污水处理一体化设备相比，混凝土厂区建设的污水处理设施使用寿命较长，运行比较稳定，能够很好地保证出水水质达标，且设备出现故障时，维修较方便，一体化设备基本不具备维修条件，

更换困难。

⑤采用混凝土结构建设的污水处理设施，前期一次性投入较大，政府财政有压力，建议吸收民营资本参与，以 BOT、PPP 等模式，寻求合作。

图 6-34　伊金霍洛旗改厕+黑、灰水分离等治理模式实景照片

6.3.2　预处理+地下渗滤田

（1）工程概况

北京延庆区上磨村采用“预处理+地下渗滤田”技术，处理规模为 60 m^3/d。

（2）工艺原理及流程

功能型精准湿地技术工艺设施主要包括格栅池、厌氧池、沉淀池、调节池、地下渗滤田、人工湿地、提升泵、鼓风机等。共包括 4 部分布水系统，由相应的阀门单独控制。通常每次需有 3 套布水系统处于运行阶段。剩下的一部分停止运行一周。工艺流程如图 6-35 所示。

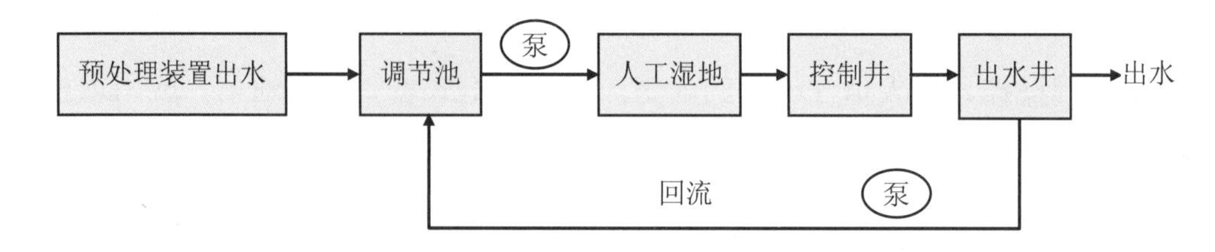

图 6-35　工艺流程

（3）建设运维

建设投资共 70 万元，占地面积 850 m^2。操作维护简便易行，无复杂设备，由村庄水管员兼职管理，定期进行巡视。年用电量为 1 642.5 kW·h，运行费用 821 元，吨水运行费 0.037 5 元。

用户要清除系统中的杂草，保持苇床处理适当水位；定期清理格栅池中的栅渣、隔油池中的浮渣、沉淀池中的污泥。根据处理水量及每户小型排水构筑物的设置情况，预处理系统中的废渣和污泥设计一年清理一次。设施进出水水质见表 6-14。

表 6-14　上磨项目进出水水质　　单位：mg/L

项目	COD_{Cr}	BOD_5	TN	NH_3-N	TP	SS
进水	377	56.1	24.4	20.7	3.6	163
设计出水	50	10	15	5	1	10
实际出水	30	6	15	1.5	0.3	5

图 6-36　上磨村“预处理+地下渗滤田”实景照片

（4）工艺特点

①利用生态系统处理污水，出水可就近用于农田灌溉，与农村生态环境相协调。

②自动化运行程度较高，但需要定期维护。

6.3.3 好氧—厌氧反复耦合污泥减量化技术

（1）工程概况

该项目为北京市通州区草寺村农村污水试点项目，设计水量 90 t/d（满负荷），采用好氧—厌氧反复耦合污泥减量化技术（rCAA）第四代升级技术工艺，污泥排放量减少 40%，实现剩余污泥减量化。污水处理后出水达到北京市地方标准《水污染物综合排放标准》（DB 11/307—2013）B 级排放限值。

（2）工艺原理及流程

在污水处理装置内添加结构可控的多孔微生物载体，通过微生物种群设计和控制技术，通过微生物—水力停留时间的分离、生物反应速度的保证、微生物死亡及溶胞环境的强化等过程来实现污泥的减量化。工艺流程如图 6-37 所示。

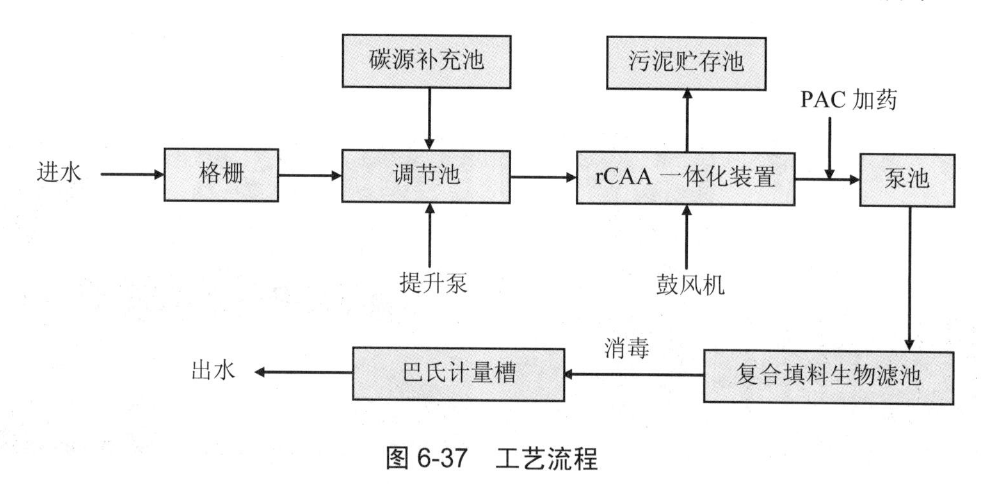

图 6-37　工艺流程

（3）建设运维

吨水电耗：0.50 kW·h。

采取现场控制和远程控制两种方式。自动控制基于自动控制核心 PLC，可通过触摸屏点动设备控制启停，调节运行工况，出水调试合格后进入自动控制状态，参数设定确定后选择执行此控制方式。通过池内液位计、流量计、监测仪表、定时功能等维持工况运行，并自行调节处理各种故障，不需要人为干预。

（4）工艺特点

处理效果稳定，抗冲击性强；运行维护稳定可靠，故障率低，可实现无人值守；污泥减量效果明显，动力消耗少，运行费用低；出水 SS 浓度小；可与其他深度处理工艺组合。

图 6-38　草寺村好氧—厌氧反复耦合污泥减量化技术应用实景照片

6.4　高寒地区

东北高寒地区包括黑龙江、吉林、辽宁和内蒙古东部，冬季较长而寒冷。土地面积广阔，村落规模通常较小，各村落间距离较远，经济发展水平不高。污水处理侧重选择受气温影响较小或采取适当保温措施在冬季能够正常运行、经济可行、便于就地处理和资源化利用的技术。

6.4.1　多级生物接触氧化

（1）工程概况

该项目位于吉林省延边州和龙市金达莱村，2016 年 5 月开始投入运行，该项目设计水量 100 t/d，实际运行水量 60 t/d。目前已经稳定运行三年多，出水稳定良好，出水水质执行《城镇污水处理厂污染物排放标准》（GB 18918—2002）中的一级 B 标准。

（2）工艺原理及流程

生活污水由排水系统收集后，进入污水处理站的格栅井，经人工格栅去除较大的悬浮物及颗粒杂质后进入调节池，进行水量水质调节，再由提升泵送至多级A/O处理单元，在处理单元内，通过生物填料上富集的厌氧、缺氧、好氧微生物的生化反应，在去除有机污染物的同时，实现同步硝化和反硝化，达到脱氮除磷的目的。通过多级生化处理后的水进入沉淀池进行固液分离，沉淀池上清液经砂滤泵输送至石英砂过滤器，进一步去除悬浮物等污染指标，过滤后的清水经紫外线消毒处理后排放。工艺流程如图6-39所示。

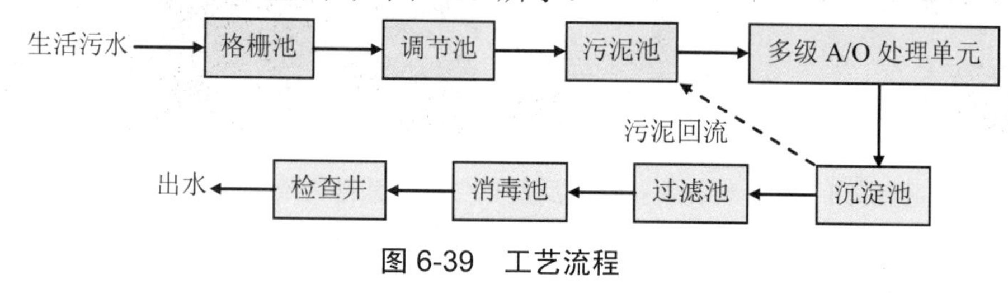

图6-39 工艺流程

（3）建设运维

投资费用：该项目总投资1 618.12万元，其中管网建设投资1 520.12万元，污水处理设施总投资98万元，污水处理设施折合吨水投资费用约9 800元。运行费用：该项目吨水运行费用约1.65元。设施进出水水质见表6-15。

表6-15 进出水水质指标情况

单位：mg/L

项目	COD	NH_3-N	TN
进水水质指标	160～200	22～30	35～45
出水水质指标	43～60	4～8	10～20

（4）工艺特点

①采用多级处理、各级分体设计、推流式处理，提高处理效率，打破了地域与运输的限制，更适合农村地区使用。

②特殊生物填料实现同步硝化反硝化，脱氮除磷效率高。

③采用标准化、模块化设计，工程设计、设备生产及施工周期短。

④采用全自动时间控制器，设备自动间歇运行，节省能耗。

⑤该地区冻土层较厚，设备下埋较深，故后期检修存在一定难度。

图 6-40　金达莱村多级生物接触氧化实景照片

6.4.2　一体化处理设施+稳定塘

（1）工程概况

盘锦市 118 个行政村采用一体化处理设施+稳定塘模式，共安装污水处理设施 276 套，铺设污水管网 905 km，新增农村生活污水处理能力 297 万 t/a。出水水质可达《城镇污水处理厂污染物排放标准》（GB 18918—2002）中的一级 B 标准。

（2）工艺原理及流程

通过建设污水管网和安置小型一体化污水处理设备，将生活污水通过管网排放至小型一体化设备进行有效处理。污水处理设施主要采用 FMBR、A^2/O+MBBR、A^2/O 等污水处理工艺，通过建设污水管网和安置小型一体化污水处理设备，将居民产生的厨房、厕所等生活污水通过管网排放至小型一体化设备进行处理。

（3）工艺特点

为保障污水处理效果，在稳定塘内种植香蒲、荷花、水葫芦等水生植物对污水进行净化，进一步处理后的污水可直排河道，也可进行绿化灌溉，有效实现了污水清洁化、无害化和资源化。

图 6-41　盘锦市一体化处理设施+稳定塘实景照片

6.5　生态环境敏感地区

生态环境敏感地区包括水环境保护要求高的地区，如饮用水水源地、水系源头、重要湖库集水区等执行相对严格标准的区域。污水处理侧重选择处理效果好、运行稳定、水质标准高的技术。

6.5.1　生活污水生态化微动力处理系统

（1）工程概况

该项目位于四川省成都市蒲江县成佳镇，建设农村生活片区生活污水生态化微动力处理系统，总工程占地 180 m^2（其中景观化 150 m^2），污水日处理量达 50 m^3。达到《城镇污水处理厂污染物排放标准》（GB 18918—2002）中的一级 A 标准。

（2）工艺原理及流程

采用的地下生化前处理+生态化人工湿地处理工艺，主要工艺为地质体 3D 接触氧化工艺，涉及流程包括化粪池、絮凝沉淀池、厌氧池、人工地质体接触氧化池和潜流型人工湿地。工艺流程如图 6-42 所示。

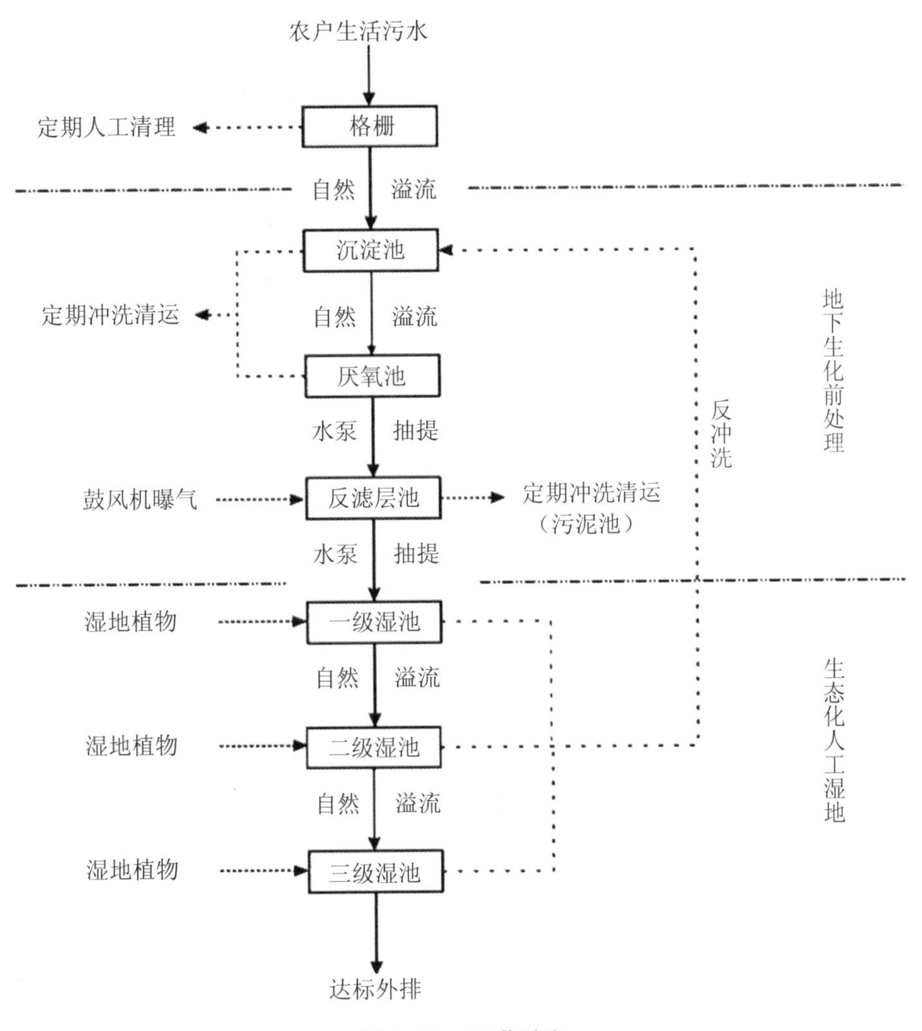

图 6-42　工艺流程

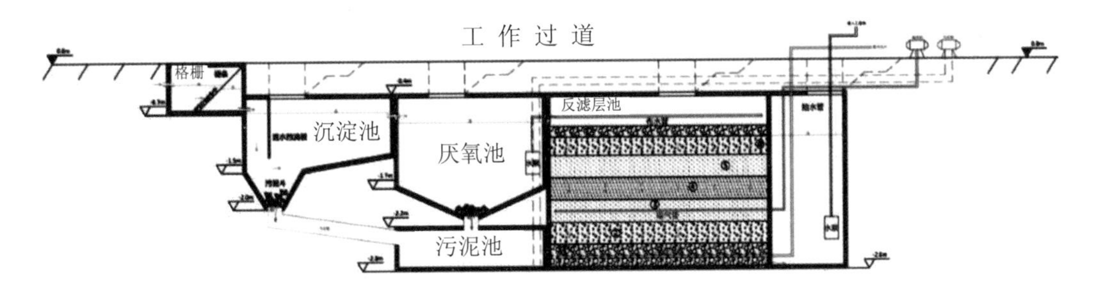

图 6-43　地下生化处理设施剖面示意图

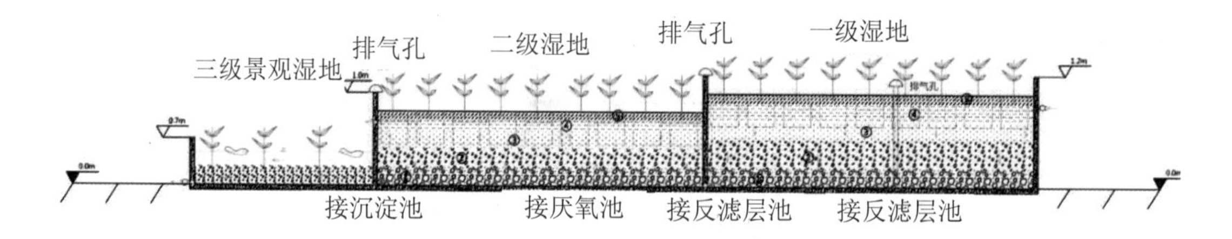

图 6-44　地上生态湿地系统剖面示意图

（3）工艺特点

系统运行成本低，成本主要为曝气及水位抬升所需电费，系统配套有滴灌系统，对处理后污水进行资源化利用。系统采用反滤层（从上至下颗粒由细到粗）水工结构设计，使用天然矿物活性填料和特殊曝气工艺（微孔系统），可大大增强脱氮除磷效果，同时还可有效杀灭细菌、病毒等微生物。配备滴灌系统，将潜流型人工湿地处理出水直接用于灌溉。

6.5.2　多点进水高效低耗生物反应器+复合湿地

（1）工程概况

福建省云霄县马铺乡马铺村和龙镜村，为保护峰头水库饮用水水源地，采取管网截污收集、设施统一处理模式，对原先流入库区的几个自然村污水全面进行截污整治，采用多点进水高效低耗生物反应器+复合湿地技术，加强农村生活污水整治，马铺村和龙镜村生活污水处理量分别为 200 m^3/d 和 100 m^3/d，出水水质标准达到《城镇污水处理厂污染物排放标准》（GB 18918—2002）中的一级 B 标准（COD、BOD_5、SS、氨氮、总磷等指标稳定达到一级 A 标准）。

（2）工艺原理及流程

污水经管网系统收集后进入格栅井，去除污水中的垃圾，之后进入沉砂池，去除污水中对设备有影响的泥沙，之后进入调节池，经提升泵一次提升至厌氧池，降解污水中大分子有机物，提高污水可生化性，之后进入多点进水高效低耗生物反应器，经反应器内微生物硝化、反硝化反应去除污水中的污染物后，进入潜流湿地强化处理，最后经过标准化排放口进入回用清水池回用。工艺流程如图 6-45 所示。

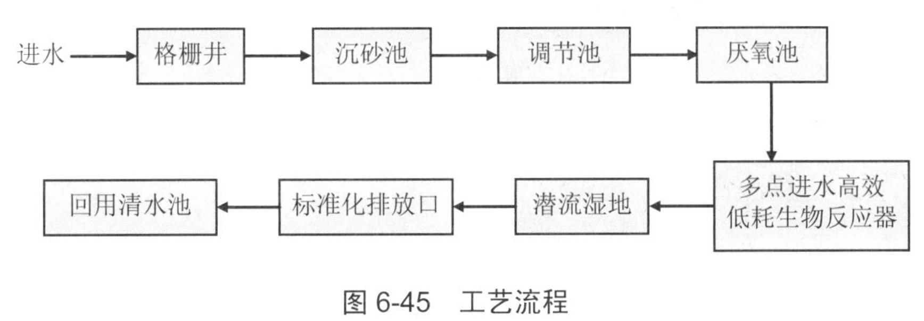

图 6-45　工艺流程

（3）建设运维

工程总投资约 170 万元，占地面积 1 600 m^2（原址提升改造，实际用地约 900 m^2）。吨水直接运行费用为 0.40 元（含电费、湿地植物收割、污泥外运费用，不包含兼职管理人员人工费）。人员配置：2～3 名运行管理人员轮班，系统内产生的污泥进入污泥浓缩池，一年左右联系市政吸粪车抽吸一次，外运无害化处理。

（4）工艺特点

污水处理设施场站采取公园式标准设计，将场站会产生臭味的设施埋设于地底，配套景观式的臭气处理设施，不仅仅建设了一座污水处理设施，也为当地居民建设了一座休闲、散步的小公园。保护当地水体水质的同时，当地生态环境得到了提升。

图 6-46　龙镜村生活污水处理设施实景照片

图 6-47 马铺村生活污水处理设施实景照片

6.5.3 预处理+人工快渗+生态沟

（1）工程概况

河北省石家庄市藁城区岗上镇故献村地处南水北调工程石津灌渠的北侧，采用“预处理+人工快渗+生态沟”工艺，建设规模 50 m^3/d，出水执行《城镇污水处理厂污染物排放标准》（GB 18918—2002）中的一级 A 标准。

（2）工艺原理及流程

已配套污水收集管网，现收集区域为 165 户，生活污水经管网截污收集后，通过格栅隔油后进入调节池调节水质水量，调节池兼具沉淀池功能，污水经泵提升后直接布水至人工快渗池，快渗池出水经生态沟处理后，出水达标排放。工艺流程如图 6-48 所示。

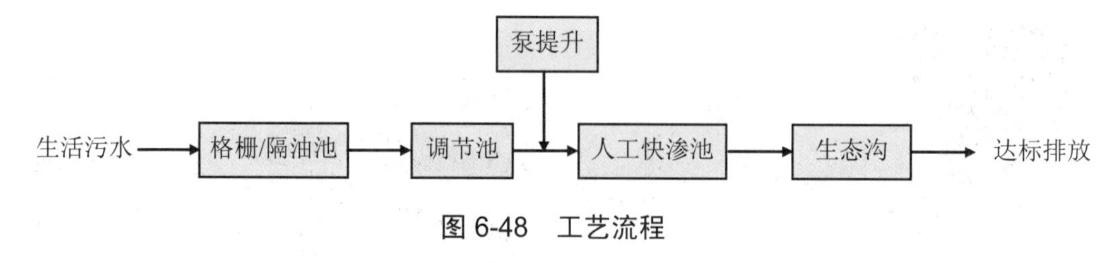

图 6-48 工艺流程

（3）建设运维

工程总投资 29.69 万元，工程由村民兼职运营，暂无人力成本，运行成本仅为污水提升所需的动力费，污水处理站年经营成本费用为 0.094 5 万元，单位经营成本为 0.052 5 元/t 水。设施设计进出水水质见表 6-16。

表 6-16　设计进水水质表　单位：mg/L

项目	COD	BOD_5	SS	NH_3-N	TP
设计进水	≤300	≤160	≤180	≤25	≤2.5
设计出水	≤50	≤10	≤10	≤5（8）*	≤0.5

注：* 括号外数值为水温＞12℃时的控制指标，括号内数值为水温≤12℃时的控制指标。

图 6-49　故献村“预处理+人工快渗+生态沟”实景照片

6.5.4　多级 A/O 生物接触氧化+软性固定填料过滤

（1）工程概况

项目位于江苏省溧阳市溧城镇等 11 个镇的 935 个重点村，对农户化粪池进行改造，采用污水净化罐卧罐设备进行农村污水分散式处理，同时建设了分散式污水处理设施信息化系统，加强管理。单台处理规模有 5 m^3/d、10 m^3/d、15 m^3/d、20 m^3/d、25 m^3/d、30 m^3/d。可多台组合运行，处理大规模水量。

（2）工艺原理及流程

生活污水经集水槽中的格栅隔除超大颗粒的固体物质，然后流入流量调节槽，送至污水净化罐卧罐。在罐内，通过隔板隔除后的中间水从缺口处溢流至缺氧槽，利用填料上附着的微生物高效降解污水中的有机物并通过反硝化脱氮，同时利用填料截留和槽体内的厌氧硝化实现污泥的减量化；污水流至好氧槽，在好氧条件下，填料中的微生物进一步进行有机物降解和氨氮硝化，降低槽体内的污泥浓度。再通过软性固定填料过滤装置进行泥水分离，降低 SS，进一步去除污水中的污染物；过滤后的清水流至消毒槽进行消毒外排。工艺流程如图 6-50 所示。

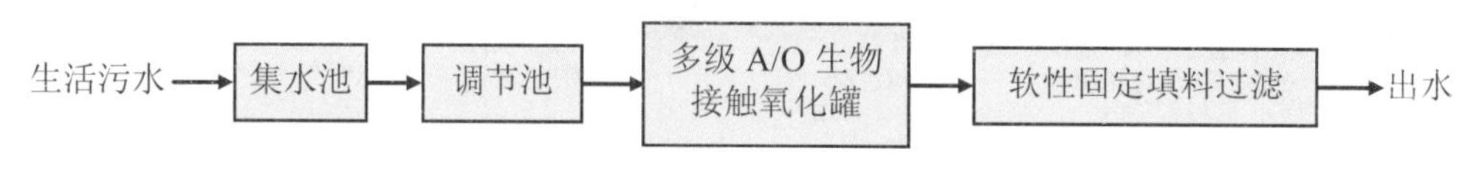

图 6-50 工艺流程

（3）进出水水质

进水水质（mg/L）为 COD：400，BOD_5：200，SS：200，NH_3-N：40，TN：50，TP：4，pH：6～9。出水水质达到《城镇污水处理厂污染物排放标准》（GB 18918—2002）中的一级 A 标准。

（4）工艺特点

①多级 A/O 工艺反硝化效率高，各生化处理单元最优的停留时间分配，强化系统的脱氮效果，脱氮稳定。

②灵活选配电解除磷装置或加药除磷装置以保证除磷效果。

③采用高性能填料，附着微生物量增大，产泥量较少。

④占地面积小、性能稳定、产品质量可靠、自动化程度高，吨水电耗约为 1.63 kW·h。

⑤可实现农村污水的小集中处理，抗冲击负荷能力强，能适应农村生活污水较分散和农村水量波动大的特点。

图 6-51 溧阳市“多级 A/O 生物接触氧化+软性固定填料过滤”实景照片

6.5.5　A/O 一体化设施+反硝化生态滤池

（1）工程概况

项目位于安徽省合肥市长丰县吴山镇涂郢社区，采取“A/O 一体化设施+反硝化生态滤池”技术，收集处理社区集镇及周围近距离居民产生的生活污水，设计处理能力为 300 m³/d，实际进水量为 180～260 m³/d。主要出水执行《城镇污水处理厂污染物排放标准》（GB 18918—2002）中的一级 A 标准。

（2）工艺原理及流程

该社区采取“生物处理（智能模块化污水处理系统）+生态强化（反硝化生态滤池）”的主工艺路线。系统采用“循环流 A/O”工艺，应用高效复合生物菌群去除 COD、氮、磷等污染物，采取上下两层的箱体结构，将污泥通道和水流通道独立分开，利用气动循环技术实现水体的大比倍循环，出水效果良好。工艺流程如图 6-52 所示。

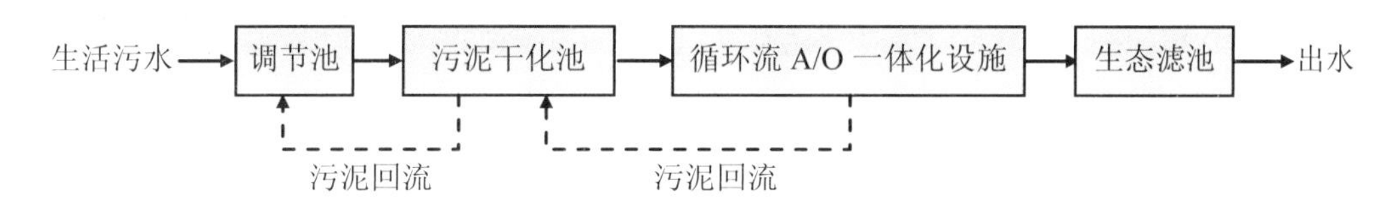

图 6-52　工艺流程

（3）建设运维及工艺特点

①出水优。处理系统采用高效复合的生物“循环流 A/O”处理工艺，同时可匹配与周围环境相适宜的生态处理单元，出水水质优良；投加缓释碳源后，滤池内的生物反硝化作用明显，出水 TN 稳定在 10 mg/L 以下，出水 COD 浓度稳定在 50 mg/L 以下。缓释碳源释放的碳源能够被反硝化细菌充分利用，合理投加并不会给出水带来 COD 负担。

②运行费用较低。在整个系统中只需一种鼓风机设备满足系统的功能需求，属于微动力运行。

③运行稳。气动循环技术实现水体大比倍循环，抗冲击负荷能力强，系统稳定性强，操作简便。

④占地少。在一个装置中，将污水处理的生化单元、沉淀单元、过滤单元等各类技术实现了系统高度集约。设施进水水质见表 6-17。

表 6-17　进水水质　　单位：mg/L，pH 无量纲

项目	pH	TN	TP	NH_3-N	NO_3^--N	COD
进水水质	7.32±0.12	28.01±3.77	2.24±0.14	25.37±3.43	1.04±0.77	103.62±60.18

图 6-53　涂郢社区“A/O 一体化设施+反硝化生态滤池”实景照片

6.5.6　改良 A^2/O+发酵强化+生态滤池

（1）工程概况

浙江省杭州市临安区指南村，位于临安太湖源头的南苕溪之滨，为饮用水水源保护区，是一座有着数千年历史的古村。工程采用“改良 A^2/O+发酵强化+生态滤池”污水处理工艺，处理规模 200 m^3/d，所涵盖的区域涉及农户 78 户，包含农户 56 户，农家乐 22 户，另有一座公厕，预计每天的人流量约为 1 000 人。出水执行浙江省地方标准《农村污水处理设施水污染物排放标准》一级标准。

（2）工艺原理及流程

改良 A^2/O 工艺是一种污水生物处理高效脱氮除磷技术，通过生化系统中多种微生物种群的有机结合，能够在去除有机物的同时，取得较好的脱氮除磷的效果。

农村污水典型的特点是水质水量波动大、C/N 低。该项目将现代发酵技术引入到农村污水中，采用江南大学院士工作站研发的发酵强化技术来增强生化系统中微生物的活性，使用成本约增加 0.1 元/t，通过强化处理，可减少因水质、水量、温度等外界因素变化对生物处理效率的影响，从而满足达标率 90%的要求。工艺流程如图 6-54 所示。

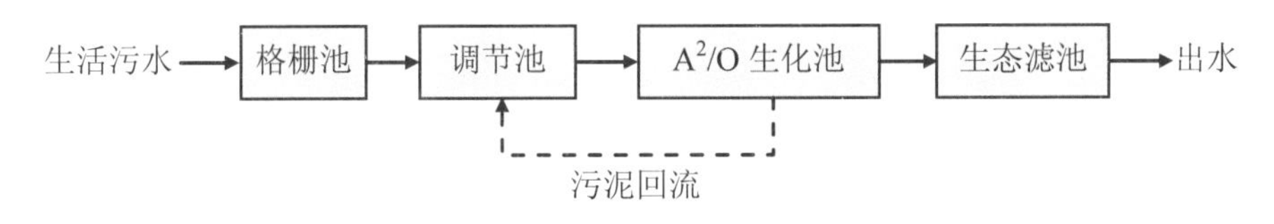

图 6-54　工艺流程

（3）工艺特点

①达标稳定、脱氮除磷效率高、运行费用低、抗冲击负荷能力强、减少污泥膨胀、产生臭味少，对周边影响小。

②站点景观设计，充分融合了山地的特征，草木沙石就地取材，探索建设村落景区污水处理示范点。

图 6-55　指南村“改良 A^2/O+发酵强化+生态滤池”实景照片

6.5.7 A^3/O+MBBR

（1）工程概况

浙江省台州市黄岩区联丰、杨恩村联合实施农村生活污水治理工程，采用“A^3/O+MBBR”一体化集成污水处理技术，规模 300 m^3/d。联丰、杨恩村位于黄岩区北洋镇西北部、长潭水库上游，所处饮用水水源二级保护区。属于亚热带季风气候区，台风活动频繁，大气候背景为冬夏季风交替明显，四季分明，光热丰富，水汽充沛，其境内瑞岩溪为长潭水库的主要汇入河流。两村现有在册农户 666 户，总人口 1 804 人，两村“污水全收集、全处理”接户率达到 100%，出水水质达到《台州地区污水处理厂相关执行标准限值一览表》中的准Ⅳ类排放标准，尾水排放至山林喷洒、浇灌再经过自然渗透流入湿地。

（2）工艺原理及流程

A^3/O 污水生化处理工艺是对传统 A^2/O 工艺的提升，优化设置功能明晰的预脱硝区、厌氧区、缺氧区和好氧区，强化了脱氮除磷的效果。

MBBR 是移动床生物膜反应器（Moving Bed Biofilm Reactor）的简称，该工艺兼具传统流化床和生物接触氧化两者的优点，运行稳定可靠，抗冲击负荷能力强，脱氮效果好，是一种经济高效的污水处理工艺。具有生化系统启动快、脱氮除磷效果好、剩余活性污泥少、投资运行费用低的特点。

生活污水经污水管道汇至粗细格栅渠，去除颗粒性杂物，后自流进入调节池内，经沉砂后，污水通过提升泵提升至一体化水处理设备内，再经过厌预脱硝区、厌氧区、缺氧区、好氧区、沉淀区，实现生化降解和沉淀分离。其中，好氧区安装混合液回流装置，混合液回流至缺氧区，沉淀区安装污泥回流气提装置，污泥回流至预脱硝区，沉淀出水通过设备间紫外线消毒后进入深度处理系统，进一步去除 SS 及浊度，最后自流排出。深度过滤系统定期自动反冲洗，反洗排水可自流至污泥池/调节池。工艺流程如图 6-56 所示。

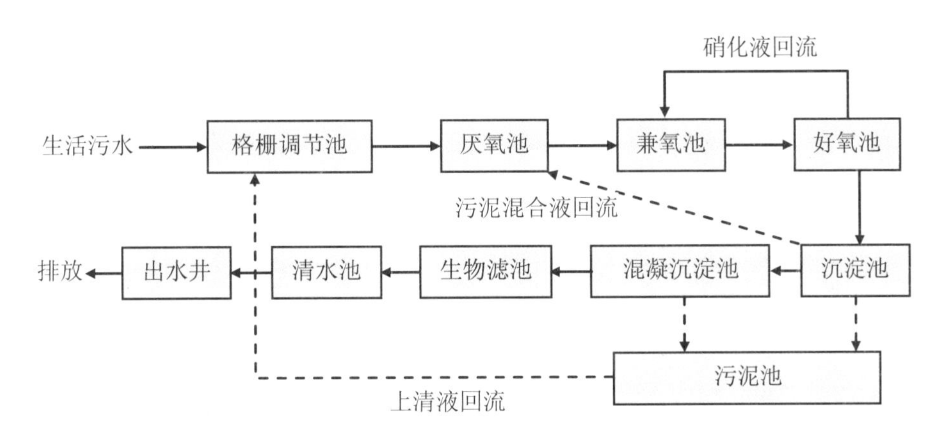

图 6-56　工艺流程

注：蓝色框内为 A^3/O+MBBR 一体化污水处理集成设备，格栅渠、调节池（集水井、沉砂池）以及辅助的污泥池均为地埋式钢混结构构筑物，配套建设。

（3）建设运维

本项目“管网+终端”吨水造价约为 2.05 万元，终端吨水造价约为 0.65 万元（土建+设备）。

（4）工艺特点

①采用 A^3/O 复合式工艺，脱氮效率高，确保出水中 NH_4^+-N 指标稳定正常。

②采用化学除磷系统，保证 TP 处理效果。

③项目可通过手机、互联网实现远程监控、调试、维护，智能网络控制中心可以对出现的设备故障进行智能诊断，并解决故障问题。

④反应器中微生物处在内源呼吸区，剩余污泥的产生量很少，浓度大，可直接用于污泥池浓缩外运处理，节省了污泥处理处置费用。

图 6-57　黄岩区联丰、杨恩村“A^3/O+MBBR”实景照片

附　录

附录 1　术语定义

下列术语适用于本手册：

（1）县域

县（区）、县级市等行政区域范围。

（2）农村生活污水

农村居民生活活动所产生的污水，主要包括冲厕、洗涤、洗浴和厨房排水等。

（3）农村生活污水处理设施

对农村生活污水进行处理的建筑物、构筑物及装备，由户内管网、户外管网系统和处理终端组成。

（4）污水收集系统

对农村生活污水进行收集和输送的管道及附属设施，主要包括户内管路、入户支管、村级干管、检查井、沉砂井、消能井和泵站等。

（5）集中处理

通过较大范围的管网，对村庄或一定区域内产生的生活污水进行收集并建设处理设施集中处理的方式。

（6）分散处理

对单户或多户农村居民产生的生活污水，通过处理设施就地、就近处理的方式。

（7）纳管处理

农村生活污水通过管网收集输送到城镇污水处理厂处理的方式。

（8）黑水

农村居民排泄及冲洗粪便产生的高浓度生活污水。

（9）灰水

农村居民家庭厨房、洗衣、清洁及洗浴等产生的污水。

附录 2　农村生活污水治理主要适用技术一览表

序号	适用技术	优点	缺点	适用范围					投资估算	运行费用	适宜区域
				污染物去除效果	技术特点	人口范围	动力要求	生态要求			
1	化粪池	结构简单，易施工，造价低，维护管理简便，无能耗，运行费用低，卫生效果好	处理效果有限，出水水质差；不能直接排放水体，需经后续好氧生物处理单元或生态净水单元进一步处理；污水易泄漏	有机物及悬浮物去除效果一般	适用于各类地形条件	适用于单户	无动力	无特殊要求	建设成本0.17 万～0.21 万元	基本无设备运行费	东北、西北、华北、西南、东南
2	稳定塘技术	投资费用少，运行费用低，维护管理简便，水生植物可以美化环境，调节气候，增加生物多样性	污染负荷低，占地面积大；设计不当容易堵塞；处理效果受季节影响；随着运行时间延长，除磷能力逐渐下降	有机物及悬浮物去除效果一般，病原体去除效果好，对氮磷有去除效果	适用于有自然池塘、闲置沟渠的村庄	适合处理小规模农居点，50～150 户	无动力	无特殊要求	户均建设成本约为2 000～2 500 元/t（不含管网）	基本无设备运行费	东北、西北、华北、西南、东南
3	人工湿地处理技术	处理效果比较好，投资费用少，无能耗，运行费用很低，维护管理简便	污染负荷低，占地面积大，设计不当容易堵塞，易污染地下水	有机物去除效果一般，病原体及悬浮物去除效果好，对氮磷有去除效果	适宜各类地形条件	适用于集中式处理和分散式处理，1～500 户	微动力或无动力	占地面积相对较大，有景观需求	户均建设成本约为1 000～3 000 元/t（不含管网）	主要是提升泵耗费；基本无设备运行费	华北、西北、东南、中南、西南

序号	适用技术	优点	缺点	适用范围					投资估算	运行费用	适宜区域
				污染物去除效果	技术特点	人口范围	动力要求	生态要求			
4	土地处理技术	结构简单，出水水质好，投资成本低，无能耗或低能耗，运行费用省，维护管理简便	负荷低、污水进入前需进行预处理、占地面积大，处理效果随季节波动	有机物、病原体及悬浮物去除效果好，对氮磷有去除效果	适用于土地平坦区域	适合集中式处理，50～200 户	无动力或微动力	需做好防渗工程	户均建设成本 3 000～4 000 元/t（不含管网）	运行费低于 0.05 元/t	华北、东南、中南、西南
5	生物接触氧化	结构简单，占地面积小；污泥量少，无污泥回流，无污泥膨胀；对水质、水量波动的适应性强；操作简便、较活性污泥法的动力消耗少，对污染物去除效果好（对总磷指标要求较高的农村地区应配套建设深度除磷设施）	加入生物填料导致建设费用增高；可调控性差；对磷的处理效果较差	有机物、病原体及悬浮物去除效果好，对氮磷有去除效果	适宜各类地形条件，占地面积相对较小	适用于集中式处理，100 户以上	有动力	无特殊要求	户均建设成本 5 000～10 000 元/t（不含管网）	维护费用低，运行费用低于 0.5 元/t	东北、西北、华北、西南、东南、中南
6	曝气生物滤池	滤料就地取材（滤料）投资少（吨水投资约为 600 元/m^3）	运行成本偏高，对污水收集系统要求较高	有机物、病原体及悬浮物去除效果好，对氮磷有去除效果	适宜各类地形条件，占地面积相对较小	适用于集中式处理，100 户以上	有动力	无特殊要求	户均建设成本 5 000～10 000 元/t（不含管网）	维护费用低，0.11～0.22 元/t、管理简单方便	东南、西南、中南

序号	适用技术	优点	缺点	适用范围					投资估算	运行费用	适宜区域
				污染物去除效果	技术特点	人口范围	动力要求	生态要求			
7	序批式活性污泥法（SBR）	工艺流程简单，运行管理灵活，基建费用低；能承受较大的水质水量的波动，具有较强的耐冲击负荷的能力，较为适合农村地区应用	对自控系统的要求较高；间歇排水，池容的利用率不理想；在实际运行中，废水排放规律与SBR间歇进水的要求存在不匹配的问题，特别是水量较大时，需多套反应池并联运行，增加了控制系统的复杂性	有机物、病原体及悬浮物去除效果好，对氮磷有去除效果	适宜多种地形条件，占地较小	适用于集中式或分散处理，50～300户	好氧区需要提供动力曝气	无特殊要求	户均建设成本约为4 000～5 000元/t（不含管网）	维护费用低，运行费用低于0.5元/t	东北、华北、西北、东南、中南
8	膜生物反应器技术（MBR）	运行管理方便，占地面积小，出水水质稳定，脱氮效果好，泥龄长，动力消耗低	建设费用和运行费用高	有机物、病原体及悬浮物去除效果很好，对氮磷有去除效果	处理效率较高，占地面积相对较小	居住相对集中的农村地区，100户以上	好氧区需要提供动力曝气	无特殊要求	户均建设成本3 000～8 000元/t（不含管网）	水泵提升及氧化曝气消耗的电费0.1～0.3元/t，需考虑膜更换的费用	东北、华北、中南、西南
9	其他小型一体化设备	占地小，处理效果稳定，操作管理方便	建设和运行成本过高	有机物、病原体及悬浮物去除效果好，对氮磷有去除效果	适宜多种地形条件，占地较小	适用分散处理，1～50户	好氧区需要提供动力曝气	无特殊要求	户均建设成本6 000～8 000元/t（不含管网）	维护费用低，运行费用低于0.5元/t	华北、西北、东南、西南、中南

附录3 农村生活污水治理适用技术模式一览表

序号	污水治理模式	技术工艺流程	适用范围				出水去向	技术特点		
			集聚程度	经济条件	气候地形	备注		建设成本	运维成本	去除效率
1	简化模式	旱厕（粪尿分集式厕所）+尿液发酵和粪便无害化处理	分散	较差	适用于各种地形	适用于分散山区、偏远村庄及干旱缺水、高寒地区的村庄	农田施肥	粪便和尿液分开收集，富含养分且基本无害的尿液经过短期发酵直接用作肥料，含有寄生虫卵和肠道致病菌的粪便采用干燥脱水、自然降解的方法进行无害化处理，形成腐熟的腐殖质回收利用，基本无设备运行费		
2		旱厕（双坑交替式厕所）+粪便加土密封降解	分散	较差				便后加入略经干燥的黄土，密封储存，粪便中的有机质缓慢降解，长时间的储存后可用于农田施肥，基本无设备运行费		
3		旱厕（原位微生物降解生态厕所）+自然降解	分散	较差				将排泄物分解为水、二氧化碳和残余物质，不使用特殊的细菌和化学物质，利用自然力量实现“自然循环降解，将废弃物转化为有机肥”的目的。可与农业、林业种植有机结合，固碳肥田，生态循环，基本无设备运行费		
4		化粪池（包括三格式、双瓮式）	分散	较差			农田灌溉	0.17 万～0.21 万元/户（个）	基本无设备运行费	COD：40%～50%；SS：60%～70%
5		厌氧发酵池	分散	较差				0.025 万～0.035 万元/m^3（池容积）	＜0.10 元/m^3	COD：40%～50%；SS：60%～70%
6		化粪池（厌氧生物膜）+稳定塘	分散	一般		全国适用，尤其适用于东北、西北地区	农灌或排入沟渠	0.4 万～0.45 万元/t	基本无设备运行费	COD：50%～65%；SS：50%～65%；NH_3-N：30%～45%
7		化粪池+土壤渗滤	分散或集中	一般				0.47 万～0.61 万元/t	＜0.05 元/t	COD：75%～90%；SS：＞90%；NH_3-N：40%～60%
8		（黑水、灰水）收集沉淀+人工湿地/土地渗滤	分散	一般				0.15 万～0.3 万元/t	＜0.05 元/t	COD：80%～90%；SS：70%～95%；NH_3-N：75%～85%

序号	污水治理模式	技术工艺流程	适用范围				出水去向	技术特点		
			集聚程度	经济条件	气候地形	备注		建设成本	运维成本	去除效率
9	普通模式	预处理+厌氧生物膜单元+土地渗滤	集中	一般	适用于各种地形条件，有较大面积闲置土地的地区	全国适用	农灌或排入沟渠	0.6 万～0.8 万元/t	＜0.1 元/t	COD: 75%～90%; SS: ＞90%; NH_3-N: 40%～60%
10		预处理+厌氧池+人工湿地	集中	一般				0.15 万～0.4 万元/t	0.05～0.1 元/t	COD：70%～85%；SS：80%～90%；TN：30%～40%；TP：50%～70%
11		预处理+强化型人工快速渗滤+人工湿地	集中	一般			农灌或排入沟渠	0.2 万～0.4 万元/t	0.05～0.1 元/t	COD：70%～85%；SS：80%～90%；TN：30%～40%；TP：50%～70%
12		预处理+人工快渗	集中	一般				0.15 万元/t	0.36 元/t	COD：＞80%；NH_3-N：＞80%
13		预处理+生物稳定塘+人工湿地	集中	一般				0.3 万～0.55 万元/t	0.05～0.1 元/t	COD：70%～85%；SS：80%～90%；TN：30%～40%；TP：50%～70%
14		预处理+厌氧水解+人工湿地+生态塘	集中	一般				0.45 万～0.65 万元/t	0.05～0.1 元/t	COD：75%～85%；SS：50%～65%；NH_3-N：30%～45%
15		预处理+生物接触氧化池	集中	较好	适用于多种地形条件，占地较小			0.5 万～1 万元/t	0.5～0.8 元/t	COD：80%～90%；SS：70%～90%；NH_3-N：40%～60%
16		预处理+SBR	集中	较好				0.4 万～0.5 万元/t	＜0.5 元/t	COD：80%～90%；SS：70%～90%；BOD：85%～95%

序号	污水治理模式	技术工艺流程	适用范围				出水去向	技术特点		
			集聚程度	经济条件	气候地形	备注		建设成本	运维成本	去除效率
17		预处理+氧化沟	集中	较好	适用于有较大面积闲置土地的地区；冬季气温较低时，要注意处理设施的保温	全国适用，尤其适用于生态环境敏感或经济较发达的地区		0.4 万～0.5 万元/t	＜0.5 元/t	COD：80%～90%；SS：70%～90%；NH_3-N：85%～95%；TN：55%～85%
18	普通模式	预处理+A/O	集中	较好			农灌或排入沟渠	0.6 万～0.8 万元/t	0.8～1.2 元/t	COD：80%～90%；SS：70%～90%；NH_3-N：85%～95%；TN：55%～85%
19		预处理+生物滤池	集中	较好				0.5 万～1 万元/t	0.11～0.22 元/t	COD：80～90%；SS：75%～98%；NH_3-N：80%～95%
20		预处理+A/O+人工湿地	集中	较好				0.75 万～1.2 万元/t	0.55～0.6 元/t	COD：80%～90%；SS：70%～90%；NH_3-N：85%～95%；TN：55%～85%
21		预处理+生物接触氧化池+人工湿地	集中	较好			水环境敏感区	0.65 万～1.4 万元/t	0.55～0.6 元/t	COD：80%～90%；SS：70%～90%；NH_3-N：40%～60%
22	高级模式	预处理+SBR+人工湿地	集中	较好				0.55 万～0.9 万元/t	0.55～0.6 元/t	COD：80%～90%；SS：70%～90%；BOD：85%～95%
23		预处理+氧化沟+人工湿地	集中	较好				0.55 万～0.9 万元/t	0.55～0.6 元/t	COD：80%～90%；SS：70%～90%；NH_3-N：85%～95%；TN：55%～85%
24		预处理+生物接触氧化池+土壤渗滤	集中	较好			水环境敏感区	0.65 万～1.4 万元/t	0.55～0.6 元/t	COD：80%～90%；SS：70%～90%；NH_3-N：40%～60%

序号	污水治理模式	技术工艺流程	适用范围				出水去向	技术特点		
			集聚程度	经济条件	气候地形	备注		建设成本	运维成本	去除效率
25	高级模式	预处理+SBR+土壤渗滤	集中	较好	土地紧张			0.55 万～0.9 万元/t	0.55～0.6 元/t	COD：80%～90%；SS：70%～90%；BOD：85%～95%
26		预处理+A^2/O	集中	较好				0.7 万～0.87 万元/t	1.0～1.3 元/t	COD：80%～90%；SS：70%～90%；BOD：85%～95%
27		预处理+A^2/O+MBR	集中	较好				1.25 万～1.5 万元/t	1.8～2.5 元/t	出水 COD_{Cr}＜60mg/L；SS＜20mg/L；NH_3-N＜15mg/L；TN＜20mg/L；TP＜1mg/L
28		预处理+接触氧化+MBR	集中	较好						
29		预处理+MBR	集中	较好						
30	入网模式	接入市政管网+城镇污水处理厂	集中	较好	地形较平坦	全国适用	—	—	—	—

注：1. 农村生活污水治理可分为单户、村分散型、集中型等处理工程类型。

（1）集中处理。通过较大范围的管网，对村庄或一定区域内产生的生活污水进行集中收集，并建设处理设施处理的方式。

（2）分散处理。对单户或多户农村居民产生的生活污水，通过处理设施就地、就近处理的方式，一般日处理能力小于 5 t。

（3）纳管处理。农村生活污水通过管网收集、输送到城镇污水处理厂处理的方式。

2. 一体化设备一般是由较为成熟的生化处理技术组合而成，处理工艺主要是 A/O 法、A^2/O 法、接触氧化法和 MBR 法（膜生物反应器技术）等。此类设备具有装置结构紧凑、占地面积小、运行经济、能耗低、抗冲击浓度能力强、处理效率高、出水水质稳定、操作简单等优点，适用于处理中小水量、水质波动小的生活污水。

3. 预处理主要包括格栅、筛网、沉砂池、砂水分离器和调节池等处理设施。

4. 上述技术适用于中高温地区且有可供利用土地的农村地区；若要用于低温地区，则要做好防冻设施，建议建于地下或室内。在丘陵或山地，接触氧化工艺宜利用地形高差，在满足出水水质要求的前提下，可优先采用跌水曝气。

5. 水环境敏感区主要包括饮用水水源地保护区、风景或人文旅游区、自然保护区等。

参考文献

[1] 中华人民共和国国家标准 GB 18918—2002 城镇污水处理厂污染物排放标准[S]. 北京：中国环境出版社，2002.

[2] 中华人民共和国国家标准 GB/T 18920—2002 城市污水再生利用 城市杂用水水质[S]. 北京：中国标准出版社，2002.

[3] 中华人民共和国国家标准 GB 20922—2007 城市污水再生利用 农田灌溉用水水质[S]. 北京：中国标准出版社，2007.

[4] 环境保护部. 农村生活污染防治技术政策（环发〔2010〕20 号）. 北京：环境保护部，2010.

[5] 生态环境部. 县域农村生活污水治理专项规划编制指南（试行）. 北京：生态环境部，2019.

[6] 中华人民共和国国家标准 GB 50014—2006 室外排水设计规范（2016 版）[S]. 北京：中国计划出版社，2016.

[7] 中华人民共和国国家标准 GB 50015—2019 建筑给水排水设计规范[S]. 北京：中国计划出版社，2019.

[8] 住房和城乡建设部. CJJ 124—2008 镇（乡）村排水工程技术规程[S]. 北京：中国建筑工业出版社，2008.

[9] 环境保护部. HJ 574—2010 农村生活污染控制技术规范[S]. 北京：中国环境科学出版社，2010.

[10] 中华人民共和国国家标准 GB/T 51347—2019 农村生活污水处理工程技术标准[S]. 北京：中国标准出版社，2019.

[11] 生态环境部.农村生活污水处理设施水污染物排放控制规范编制工作指南（试行）. 北京：生态环境部，2019.

[12] 中华人民共和国国家标准 GB 20922—2007 城市污水再生利用 农田灌溉用水水质[S]. 北京：中国质检出版社，2007.

[13] 环境保护部. HJ 2005—2010 人工湿地污水处理工程技术规范[S]. 北京：中国环境科学出版社，2010.

[14] 住房和城乡建设部. 分地区农村生活污水处理技术指南（建村〔2010〕149 号）. 北京：中华人民共和国住房和城乡建设部，2010.

[15] 住房和城乡建设部. CJJ/T 163—2011 村庄污水处理设施技术规程[S]. 北京：中国建筑工业出版社，2011.

[16] 环境保护部. 村镇生活污染防治最佳可行技术指南（试行）（HJ-BAT-9）. 北京：环境保护部，2013.

[17] 环境保护部. 农村生活污水处理项目建设与投资指南. 北京：环境保护部，2013.

[18] 住房和城乡建设部. 县（市）域城乡污水统筹治理导则（试行）. 北京：中华人民共和国住房和城乡建设部，2014.

[19] GB 50268—2008 给水排水管道工程施工及验收规范[S]. 北京：中国建筑工业出版社，2008.

[20] 环境保护部. HJ 2010—2011 膜生物法污水处理工程技术规范[S]. 北京：中国环境科学出版社，2011.

[21] 环境保护部. HJ 2009—2011 生物接触氧化法污水处理工程技术规范[S]. 北京：中国环境科学出版社，2011.

[22] 住房和城乡建设部. CJJ/T 54—2017 污水自然处理工程技术规程[S]. 北京：中国建筑工业出版社，2017.

[23] 住房和城乡建设部标准定额研究所. RISN-TG006—2009 人工湿地污水处理技术导则[M]. 北京：中国建筑工业出版社，2009.

[24] 中国市政工程设计研究院. 给水排水设计手册（第二版）[S]. 北京：中国建筑工业出版社，2002.

[25] 住房和城乡建设部. GB 50445—2008 村庄整治技术规范[S]. 北京：中国建筑工业出版社，2008.

[26] 中国建筑标准设计研究院. 03S702 钢筋混凝土化粪池[M]. 北京：中国计划出版社，2006.

[27] 中华人民共和国国家标准 GB 4284—2018 农用污泥中污染物控制标准[S]. 北京：中国标准出版社，2018.

[28] 建设部. CJ 3025—1993 城市污水处理厂污水污泥排放标准[S]. 北京：中华人民共和国建设部，1993.

[29] 环境保护部. HJ 576—2010 厌氧—缺氧—好氧活性污泥法污水处理工程技术规范[S]. 北京：中国环境科学出版社，2011.

[30] 环境保护部. HJ 577—2010 序批式活性污泥法污水处理工程技术规范[S]. 北京：中国环境科学出版社，2011.